装配式建筑译丛

装配式混凝土结构抗偶然作用设计

Design of precast concrete structures against accidental actions

国际混凝土联盟（*fib*）　著

高晓明　刘若南　译

李晓明　审定

U0249089

中国建筑工业出版社

著作权合同登记图字：01-2017-0593号

图书在版编目（CIP）数据

装配式混凝土结构抗偶然作用设计 / 国际混凝土联盟著；高晓明，刘若南译. —北京：中国建筑工业出版社，2022.9
（装配式建筑译丛）
书名原文：Design of precast concrete structures against accidental actions
ISBN 978-7-112-27864-0

Ⅰ.①装… Ⅱ.①国…②高…③刘… Ⅲ.①装配式混凝土结构—结构设计 Ⅳ.①TU370.4

中国版本图书馆 CIP 数据核字（2022）第 162954 号

Design of precast concrete structures against accidental actions
Fédération internationale du béton (*fib*)
ISBN 978-2-88394-103-8
© 2012, Fédération internationale du béton (*fib*)

Chinese Translation Copyright © China Architecture & Building Press 2023

责任编辑：戚琳琳 孙书妍
责任校对：芦欣甜

装配式建筑译丛
装配式混凝土结构抗偶然作用设计
Design of precast concrete structures against accidental actions
国际混凝土联盟（*fib*） 著
高晓明 刘若南 译
李晓明 审定
*
中国建筑工业出版社出版、发行（北京海淀三里河路9号）
各地新华书店、建筑书店经销
北京建筑工业印刷厂制版
北京云浩印刷有限责任公司印刷
*
开本：787毫米×1092毫米 1/16 印张：6½ 字数：95千字
2023年2月第一版 2023年2月第一次印刷
定价：**28.00**元
ISBN 978-7-112-27864-0
（39651）

前　言

由于气体或工业液体爆炸、车辆撞击、炸弹爆炸等会引发事故，并在事故发生的同时，导致建筑物发生局部损坏。因此，防止结构的连续倒塌成为结构工程和规范编制的一项重要工作。

对于现浇混凝土建筑，连续倒塌现象已经得到了广泛的研究，并且有大量的文献可供查阅。一些国家的技术机构和建筑管理部门已经制定了设计指南和标准，以减少或消除建筑物对这种破坏形式的敏感性。然而，对于装配式混凝土结构，针对装配式剪力墙结构体系的可用设计信息要少得多；对于采用梁、柱和楼板建造的装配式框架结构体系，几乎没有实用的设计指南。而在实际工作中，对于此类设计指南的需求是十分强烈的。

本工作组的目标是传播现有的文献，并将其转化为装配式混凝土结构在上述偶然作用下保持结构完整性的较好的实践指南。

在一些严重的初始局部损坏发生之后，为了减轻发生连续倒塌的风险，结构设计需要一些超越传统建筑结构设计方法的思维方式。其原因在于作用及其幅度，以及建筑结构可能产生的各种反应，均产生了较大的变化。因此，任何此类规范准则都应主要侧重于设计过程的概念及其最终的后果，而不是根据精确的设计程序和计算公式给出定义明确的方法。

因此，本书的主要目标，是引导工程师了解由于严重的局部损伤所产生的后果，继而在装配式混凝土结构中引发的现象。为了实现这一宗旨，主要目标被定义为（a）作用的分类，（b）它们对不同类型结构的影响，（c）应对此类作用的策略，（d）设计方法，（e）一些典型的构造措施。以上内容均辅以来自世界各地的案例，以及相应的计算模型。

本委员会前主席阿诺德·范·阿克（Arnold Van Acker）是最适合这项

任务的人，因为他毕生从事装配式建筑工作，设计、实践和专业知识的积累足以支撑他奉献时间和热情来领导工作组起草本指南。委员会对他本人表示感谢，并祝贺整个小组成功完成此项任务。

马尔科·梅内戈托（Marco Menerotto）
国际混凝土联盟第六委员会（装配式建筑）主席

目　　录

　　在高层框架结构中，当一个位于中部的边柱被移除之后，简支预制梁替代的荷载传力路径的设计。

第 1 章

综　述

1.1 简介

在常规的荷载条件下，通常会将结构设计为不会损坏，并有合理的响应。但在意外的、适度超负荷的偶然作用下，结构产生局部或整体损坏是无法避免的。因此，在偶然作用的条件下，需通过正确的设计和建造，使结构在合理的概率范围内，不会发生灾难性的倒塌。这取决于许多不同的因素，例如：

— 荷载的类型（如燃气爆炸等内因、汽车撞击等外因）；

— 结构和结构构件承受的偶然作用的程度和位置；

— 结构体系的类型（框架、门式刚架、框架剪力墙结构）、建造技术（整体现浇、预制装配、预制混凝土／钢混合结构），以及结构竖向构件之间的跨度，等等。

然而，虽然不可能期望任何结构都能完全抵御意外和极端原因引起的作用，但不应出现与其起因不相称的破坏后果。如图1所示，是某建筑中一个楼层中的一块楼板在施工过程中塌落。

图1 在美国亚特兰大城，一座建筑在施工安装期间，楼板和梁发生连续倒塌

摘自《新土木工程师》（*New Civil Engineer*），2003 年 11 月

自 20 世纪 80 年代以来，世界各地的多座建筑遭受了燃气爆炸、汽车或飞机撞击以及汽车炸弹袭击等意外事故。在许多情况下，撞击或爆炸的影响会引起建筑外围的关键结构构件失效。这些构件失效后，由于其承担的荷载不能被重新分配，致使局部结构或结构整体以连续倒塌的方式遭到破坏。当局部破坏没有局限于初始破坏区域，而是沿着结构的水平方向或者垂直方向扩散至结构时，这种现象被称为"连续倒塌"。

目前，业主和保险公司均提出要求，对他们所居住的建筑或与他们的保险业务相关的建筑进行在偶然作用下的设计计算，并具有满足最低限度的抵抗连续倒塌的能力。因此，科研和工程领域已经越来越多地聚焦于研究如何改善建筑物性能，并减轻偶然作用影响的技术。这需要面临的挑战是如何发展有效的概念设计，以实现在不影响建筑功能、力学、美学和建筑形态的同时，还要达到经济适用的目的。

连续倒塌是一个相对较为罕见的事件，因为它需要某种偶然作用引发局部破坏，同时结构又缺乏阻止破坏蔓延的足够的连续性、延性和冗余度。设计绝对安全的建筑在技术上是非常困难的，而且在经济上是不可行的。但在建造装配式混凝土建筑时，为偶然作用提供可接受的安全度是可以做到的。

本书的目的是总结当前对这一问题的认识，并为装配式结构的抗连续倒塌设计提供指导。

1.2 问题的定义

偶然作用设计工况，是由于某几种特殊状态造成的意外事故，对结构造成了各种损伤。偶然作用包含诸如车辆撞击、气体燃料爆炸或汽车炸弹袭击等情况，突然的意外荷载通常集中作用在结构中一两个关键构件上，如图 2 所示。偶然作用也可能是由于结构设计失误或施工错误造成的。偶然作用不包括地震作用或极端天气（尽管事实上也是无法准确界定偶然作用的上限、特征和发生的时间），因为上述两种作用是作为一个整体影响整个结构，因此应按其他规则进行处理。

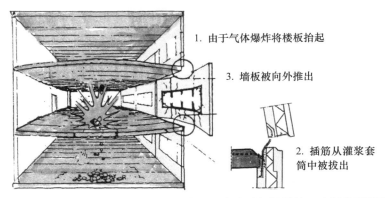

1. 由于气体爆炸将楼板抬起

3. 墙板被向外推出

2. 插筋从灌浆套筒中被拔出

图 2　由于气体爆炸，承重外墙板被推出后引发连续倒塌的情况（见书后彩图）

涉及建筑抗震的一些要求，如构件及其连接节点的延性、结构的整体延性，以及拉结系统的布置和延性，可能会与偶然作用相关的某些要求相同（根据本书），但是它们不能部分或完全代替偶然作用的相关要求。

结构某部分的荷载模式或边界条件发生变化，使得相关结构构件超出其静力或动力承载能力时，就有可能发生连续倒塌。图 3 展示了屋面结构中荷载重分布的例子。除非在结构设计时就考虑了替代的荷载传力路径的采用，以阻止荷载重分布，否则结构或其大部分都将被损坏。相应的，进一步的内力重分配也有可能使其他构件超出其承载能力，连续破坏会继续下去，直到（a）结构重新找到新的平衡；或（b）由于结构不连续，从而阻止了倒塌；或者（c）整个结构全部倒塌。

图 3　在一项工业建筑中，屋面梁发生局部损伤的案例。在该案例中，由于钢屋面板的隔膜作用，以及梁翼缘与预应力钢筋的拉压杆作用，屋面梁仍能在原位保持稳定

1.3 与抗震设计的比较

用于地震作用的结构设计可以同时改善建筑抵抗偶然作用的能力。这是由于以下几个原因：

—— 一些构件（主要是竖向构件）被设计成具有约束，例如在构件设计中不仅要求提高混凝土的抗压强度，同时还要求提高其极限压应变。

—— 此外，要求水平构件在受压区配置通长的连续钢筋，其最小配筋量约是主筋截面积的 1/4。

—— 通常均要求楼板和屋面板都能够提供刚性隔膜作用，它们与梁、柱和墙的连接节点均要求具有延性。

—— 对所有竖向和水平构件在竖向和水平方向的连接整体性给予了特殊的关注，并要求确保连接节点的延性。

虽然以上这些抗震设计要求与防连续倒塌设计有一些重复，但建筑的抗震设计不可能完全抵御作用于建筑外墙的气体冲击荷载的直接作用，更不能抵御爆炸或车辆撞击等偶然作用的影响。图4是地震作用与爆炸和撞击作用的对比。

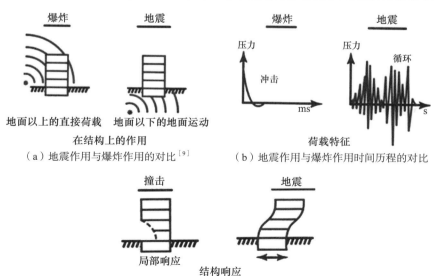

图 4 地震作用与爆炸和撞击作用之间的比较

产生上述差异的原因如下：

—— 爆炸作用的特征是：发生的时间是毫秒级的，且是一种单一的、高度局部化的作用。而地震作用是以一种振动的方式，作用在整个上部结构上；并且由于结构质量的反应，它会持续超过数秒，其反应取决于场地土的加速度和结构系统的固有特征（图 4b）。

—— 爆炸作用通常在初始阶段造成建筑的局部破坏，而地震作用通常会造成建筑的整体破坏（图 4c）。

—— 质量通常有助于抵抗爆炸作用，但会加重地震反应。

图 4 比较说明了在爆炸作用和地震作用下，作用与反应之间的关系。

1.4　术语和定义

偶然作用	一种设计工况，包括结构自身的意外情况，或结构遭受侵蚀、爆炸、撞击或局部失效等特殊情况
替代的荷载传力路径	结构构件因偶然作用失效后，荷载分配到相邻构件的路径
损坏极限	在分析偶然作用发生的过程中或结束时，所允许的损坏程度
变形能力	倒塌前，截面或连接节点所能承受的最大位移
延性	在超过第一个屈服点后，结构或构件仍能承受循环往复的非弹性位移的能力，同时仍能维持其大部分的初始承载能力
非比例倒塌	结构的倒塌与其起因不成比例，这种倒塌经常是连续倒塌，但并不总是连续倒塌
倒塌的"连续性"程度	总倒塌面积或体积与由触发事件直接导致的损伤或毁坏的面积或体积之比［在罗奈点（Ronan Point）公寓倒塌的案例中，这一比率为 20］
动力	—— 随时间变化的力，可对结构产生显著的动力效应。在碰撞的情况下，动力代表了在等效静力位置的一个与接触面积相关的力。 —— 包括结构动力反应的另外一种动力表示法
碰撞物	撞击结构的物体（如车、船等）
关键构件	某类结构构件，结构其余部分的稳定性依赖于它
局部（或是局限的）损坏	由于初始局部损坏的影响，假定结构的一部分已经倒塌，或已经严重丧失承载能力

续表

假定的构件移除	模拟发生初始局部损坏的分析方法
初始局部损坏	由于偶然作用造成的单一结构构件的损坏
连续倒塌	相对较小部分的结构损坏后，发生的连锁破坏反应。连续倒塌所造成的破坏与初始倒塌所造成的破坏是不成比例的
风险	对所定义的灾害发生的概率或频次及其所产生后果的严重程度的一种组合计量方法（通常用于产品）
鲁棒性	结构遭受类似火灾、爆炸、撞击或人为失误等事故后，不会发生与原始事故不相称的损坏的承受能力
拉结系统	确保装配式结构总体整体性的拉结和支承系统

第 2 章

作用和结构的响应特性

2.1　偶然作用的类型和重要性

可能作用在建筑结构上的偶然作用主要来自：

— 动态压力，如爆炸、冲击波等；

— 汽车、飞机、坠落物等的撞击；

— 静力超载；

— 基础沉降；

— 地面运动；

— 设计和施工的错误。

其中最常见也是研究最多的是燃气的爆炸和爆炸物的爆炸，以及车辆的撞击。本书主要关注爆炸和撞击的后果。

2.1.1　家用燃气爆炸（室内）

家用燃气爆炸的压力取决于房间的形状和大小、燃气的体积和类型，以及发火装置等。压力是全方位的，这意味着，房间内所有的表面都会受到法向压力。这种压力往往会抬起爆炸区上方的楼板，并将外墙向外推出（见图2）。房间内的各个面所受到的压力并不一定是相同的，特别是在有洞口的部位，它可以有通风的能力。爆炸产生的最大压力可在 $30\sim100kN/m^2$ 之间变化。可观察到荷载持续时间通常为 50ms，有时为 100ms。

在罗奈点公寓倒塌之后，曾经进行了大量的研究，以确定在一个居室内，天然气（建筑设施）爆炸后产生的压力的扩展情况[29]。在采用最佳空气/燃料混合物进行的测试中，上述压力扩展情况取决于居室的通风条件，以及居室内气体群的共振情况；但是压力很难会超过 $17kN/m^2$。与一般的设计荷载相比，如活荷载、风荷载和雪荷载（大约为 $4.8kN/m^2$ 或更小），爆炸压力仍然是一个非常大的荷载，但是大大低于一些规范性文件（c.1973）

经常提及的"规范性"偶然荷载 34kN/m²（更多信息请见第 4.5 节）。

　　研究发现，压力波在空气中的传播速度取决于爆炸的类型，而压力的消散则取决于结构的布置。图 5a 和图 5b 显示了在一间居室尺寸的房间里，发生燃气爆炸后所记录的压力曲线。

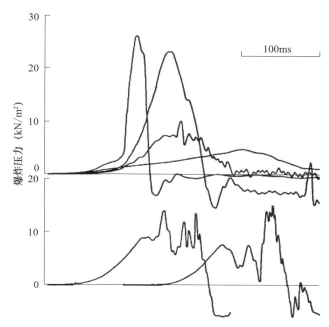

（a）在居室尺寸的房间里，由于燃气爆炸造成的脉冲压力的典型记录

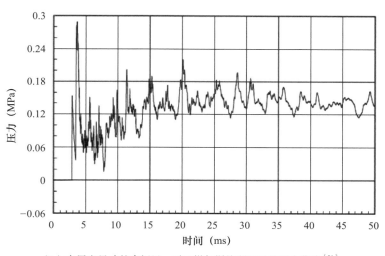

（b）在居室尺寸的房间里，对于燃气爆炸所记录的压力曲线[21]

图 5　在居室尺寸房间里，燃气爆炸压力随时间演变情况

由于竖向荷载较小，高层建筑的上部楼层对结构构件的突然移除更为敏感，尤其是承重墙结构和承重的外墙。因为竖向荷载对爆炸产生的上浮力的抵抗能力较小，因此这些墙板更容易被推出结构外。

图 5a 显示了在燃气爆炸的情况下，压力随时间的演变情况。可以认为，由于燃气是快速燃烧的，因此在一段特定的时间内，压力有随着时间上升的特点。相比之下，图 5b 则显示了在一个封闭的房间内发生燃气爆炸导致气体爆燃时，压力随时间的变化曲线。此时的特点是：它犹如实测显示的脉冲压力，是经过在室内墙壁的多次反射，由于空间的约束形成的静态压力。应注意，此时的峰值压力接近 $300kN/m^2$，约为图 5a 的 10 倍。在窗户或墙壁遭到破坏的情况下，应能观察到静压力的降低。

2.1.2 爆炸物爆炸（室内和室外）

爆炸物爆炸的效果与燃气爆炸有很大不同。爆炸物爆炸通常会产生高压缩空气的高振幅瞬时冲击波，此冲击波从地表面反射后，会产生一个超音速的、从爆炸源头向外行进的半球形扩展（图 6）。在许多情况下，此爆炸荷载在感觉上是局部的，只有最接近爆炸地点的构件会受到直接影响。远离爆炸地点的构件受到的影响是很微小的，也可能由于爆炸能量随着距离急剧衰减，而无直接影响。结构构件受到的力取决于爆炸的规模、几何形状和距离。举例来说，距离墙壁 2m 处，50kg 黄色炸药爆炸在 0.001s 内产生的压力约等于 33MPa。

冲击波可以在爆炸视线范围内的表面反射回来，导致压力大幅度的放大。反射系数的量级是爆炸距离和冲击波至表面入射角的函数，其数值可以达到 13。压力随着时间迅速衰减（指数级衰减），估测通常为千分之一秒。由建筑物体形（诸如建筑物的凹进和凸出）引起的衍射效应可限制冲击波并延长其持续时间。在爆炸事件发生后，冲击波压力变为负值，随后会形成局部真空。

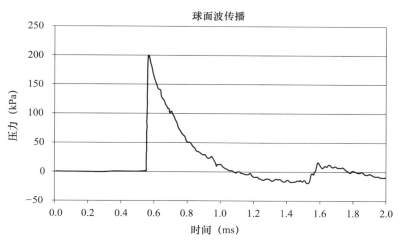

（a）在开敞空间中，固体爆炸物爆炸产生的压力与时间关系的试验记录[26]

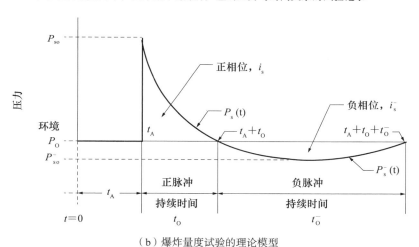

（b）爆炸量度试验的理论模型

图 6　球形冲击波的爆炸记录[19]

在室外的爆炸中，一部分能量传递给地面，形成一个坑，并产生一个类似于高强度、短持续时间地震的地面冲击波。峰值压力是爆炸当量以及距离的三次方的函数（图 7）。

当室内爆炸规模不大时，因无法泄爆，爆炸压力也可能很大，在房间内表面的反射会放大气体压力。如果爆炸物被布置于主要竖向承重构件附近时，则会造成更大范围的损坏，可能导致连续倒塌。

大型的室外爆炸导致的结构效应可概括如下：

——压力波作用于建筑外表面，可能导致窗户破碎，墙或柱失效；

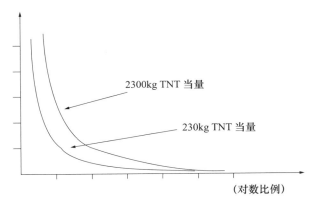

图7　相隔一定距离的两种不同爆炸物引发的压强的演变。本图是为了表明即使距离有很小的增加，也会导致爆炸荷载产生较大的下降（图源自参考文献［18］）

— 随着压力波继续向建筑物内部扩展，向上的压力将作用于顶棚，向下的压力将作用于楼板；

— 由于楼板表面积比较大，压力作用于其上时，楼板的失效是常见的；

— 楼板失效后，竖向承重构件的横向支承构件消失，使结构倾向于连续倒塌。

对于较小的室内爆炸，预期的损害可能包括：

— 下方的爆炸引发楼板的局部失效；

— 上方的爆炸引发楼板的损坏和可能的局部失效；

— 邻近墙体（混凝土或砌体）的损坏和可能发生的局部失效；

— 非结构构件（隔墙、管道系统、窗户）的失效。

2.1.3　车辆碰撞

车辆碰撞对建筑物的影响取决于如何耗散行驶车辆的动能。车辆碰撞到不是非常容易变形的障碍物（例如混凝土墙或柱）时，其撞击荷载取决于车辆的速度、质量以及车辆和建筑物的变形方式（即，力＝质量×加速度）。例如，一辆18t的卡车以80km/h的速度行驶，可能会在0.15s的时间内产生2600kN的冲击力。

欧洲标准 EN 1991-1-7：表 4.1[4] 为高速公路上方或邻近高速公路的支承结构给出了由于车辆撞击其构件时的设计等效静力取值。

2. 2 动力效应

作用在建筑结构上的偶然作用与动力效应相关。所涉及的不同动力效应如下：

　　— 偶然作用自身的撞击力；

　　— 结构构件瓦砾坠落在建筑物中产生的撞击力；

　　— 从初始承重方案到替代的抗力路径的转变。

偶然作用，如爆炸、碰撞等，会对结构构件造成直接的撞击荷载。构件的反应取决于惯性力，这可在动力分析中对其予以考虑。材料中的应变发展非常快，这意味着与静力荷载相比，破坏模式会发生变化。通常情况下，对比相对应的静力荷载，动力荷载会导致更加脆性的破坏模式。例如，在相应的静力荷载作用下，即使受弯破坏模式控制了构件的承载能力，在支座附近也可能发生剪切破坏。与受弯破坏时所发生的整体变形相比，发生剪切破坏时的整体变形要小很多。此外，材料的反应受到应变率的影响，混凝土的抗压强度随着其应变率的增加而提高，对钢筋抗拉强度也是如此。

偶然作用可能会导致结构构件整体或部分掉落，并形成下方结构构件的碎片荷载。这会导致引发动力效应的撞击力，从而成为初始偶然作用的次生效应。

2. 3 重要的结构特性

常规的设计中关注的结构特性主要是初始状态的刚度和最大抗力。最大抗力通常取为等于屈服明显发生时的力。在需要考虑偶然作用和抗连续倒塌的设计中，最大变形、总应变能和延性也是需要考虑的重要参数。根据实际

的力－位移响应，区分屈服力和最大力也是有意义的。如果有必要，可以
定义剩余承载能力。

2.3.1　结构整体性和冗余度

装配式混凝土建筑的结构整体性和冗余度，统称为"鲁棒性"。它是一
种不涉及单个构件的结构性能，而是关注构件如何相互作用，并形成一个整
体的特性。建筑的结构布置对结构的整体刚度和稳定性有直接的影响，这也
直接关系到偶然作用和替代的荷载路径的转变。以下的通用设计原则和改善
结构鲁棒性的建议包括：

① 楼板、梁、墙和柱的合理均衡的布置，使得依赖于其他构件实现安
全性的构件数量降低到最少；

② 应在整个建筑中布置构件或剪力墙，使得结构框架的很大部分不是
仅依赖于其所在平面内的单一支撑构件；

③ 墙体设置翼缘；

④ 适宜的拉结系统；

墙板的平面外刚度可通过设置翼缘墙加强，即使翼缘墙很小（见图42）；

⑤ 布置承重内隔墙；

内隔墙可以起到替代的荷载传力路径的作用；

⑥ 改变楼板跨度的方向；

两侧均支承楼板的内承重墙，当其在偶然作用下被移除时，与楼板跨度
布置在两个不同方向的情况相比较，将造成楼板更大的破坏（见图21）；

⑦ 分区建造。

在装配式混凝土结构中，实现结构整体性的主要方法是通过在横向、纵
向和垂直方向上设置的拉结系统来解决。这些拉结件有效地将所有单个构件
相互连接，为结构提供了整体性，并形成了冗余传递荷载路径。拉结件是连
续的受拉构件，它包括埋置在预制构件之间后浇混凝土填充带中的钢筋或预

应力筋、预制构件之间的套筒或连接节点。图 8a 概述了在装配式结构中的各种拉结件的类型及其位置。图 8b 显示了在采用预制空心板的楼板中，采用螺旋形钢绞线和钢筋作为拉结件的可行解决方案，也可见图 19。

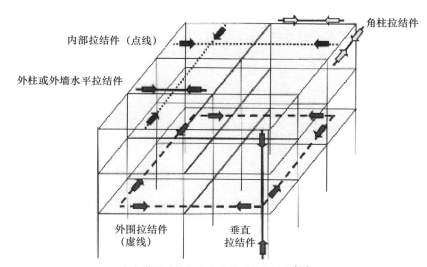

内部拉结件（点线）

角柱拉结件

外柱或外墙水平拉结件

外围拉结件（虚线）

垂直拉结件

（a）装配式结构中各种类型的拉结件[23]

（b）用于内部和外围拉结用的螺旋形钢绞线拉结件，
以及用于连接空心楼板中开放的空心中的 L 形拉结件

图 8　装配式结构中的拉结件（见书后彩图）

2.3.2　抗力

结构，包括承重构件和连接节点在内，均应具有足够的抗力和变形能力，以便在受损区域周围形成新的平衡，以实现（a）提供抵抗力，这种抵抗力由于偶然作用经常具有动力特性；或（b）保证将偶然作用转移到替代的荷载传力路径中。通过构件中的钢筋、拉结梁和连接节点获得抗力。为了验证新的平衡的可靠性，与 ULS 设计方法（见第 4.1 节）相比，通常允许利用大变形和大位移的优势，采用减小叠加的活荷载，并删除局部安全系数的方法。

2.3.3　连续性和锚固能力

为了能够实现传递和重新分配荷载（替代的荷载传力路径）所需的桥接能力，连续性是至关重要的。通过评估由于各种不同的条件产生的局部破坏在连接节点区域产生的作用，可以决定连续性和锚固能力的设计。这些力的主要形式为压力、拉力和剪力，以及压力和剪力的组合。

在进行偶然作用情况下的设计时，建议：

—— 增加锚固和搭接长度，见第 5.1.2 节；

—— 避免在邻近关键截面的部位进行搭接；

—— 错开搭接的位置，避免钢筋过于拥挤。

由于超大变形和预期的开裂行为，约束比搭接长度更重要。

2.3.4　延性、变形能力和能量的吸收

构件和整个结构对偶然作用的响应，以及替代的荷载传力路径的激活，极有可能是动态的和非线性的。因此，确定结构响应所需要的分析方法，必须表征偶然作用的突发性、在应变率非常高的情况下材料的动力响应、材料的非线性，以及大变形引起的几何非线性。

应变能是使截面或连接节点变形所需的能量，由力－位移关系中的面积确定。在考虑了连续倒塌的设计中，高应变能是有利的，因为高应变能可

以吸收能量，例如已经失去支承且已经开始倒塌的结构构件的动能。最大应变能是对截面加载并使其变形，或使连接节点失效所需的能量，它代表能够发生的最大能量吸收。

延性经常与变形能力混淆。变形能力是指截面或节点在失效前的最大位移；延性通常被定义为结构或构件在经历过第一次屈服点后，承受重复和反向非弹性位移的能力，同时能保持其大部分初始承载能力。因此，延性是与力－位移关系曲线形状有关的相对性能（无量纲）。高延性意味着，其主要部分在塑性区发展，但对变形没有影响。

在图 9 中，力－位移关系曲线 1 和曲线 4 显示了延性特征，而曲线 2 和曲线 3 显示了脆性特征。尽管曲线 3 比曲线 1 具有更大的抗力和最大位移，但因为曲线 1 在整个变形过程中的主要部分是塑性变形，因此具有更大的延性。

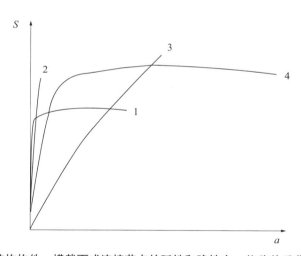

图 9　结构构件、横截面或连接节点的延性和脆性力－位移关系曲线示例

应变能 W 为

$$W_{\text{int, max}} = W_{\text{int}}(a_u) = a_u \int_0^{a_u} S(a)\,\mathrm{d}a \qquad (2\text{-}1)$$

式中，$W_{\text{int, max}}$——最大应变能（内能）；

a_u——最大位移；

$S(a)$——力－位移关系；

S——总截面内力。

表示延性的一种常见而简单的方式是延性系数 μ

$$\mu = \frac{a_u}{a_y} \qquad (2\text{-}2)$$

式中，a_u——最大位移；

a_y——开始屈服时的位移。

该参数假设力－位移关系曲线为理想弹塑性。对于非线性关系，可能难以准确地定义屈服点和最大位移。描述延性的比较一般的方式是采用最大相对应变能，无量纲的比值定义为

$$\xi(a_u) = \frac{W_{int}(a_u)}{S_u \cdot a_u} \qquad (2\text{-}3)$$

式中，S_u——最大位移时的力。

这个参数也可以应用于非理想弹－塑性的力－位移关系。

在图 10 中，比较了三种不同的力－位移关系曲线，即变形能力、延性和总应变能。这三种关系曲线都可以表征为延性。如延性由延性系数表示，则得到以下的值。

$$\mu_1 = \frac{30}{10} = 3 \qquad \mu_2 = \mu_3 = \frac{20}{5} = 4 \qquad (2\text{-}4)$$

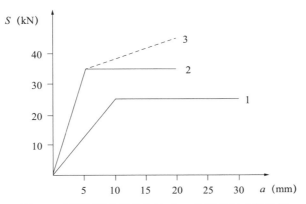

图 10　采用不同的延性表达力－位移关系曲线示例

　　尽管曲线 1 表现出较大的变形能力，但是根据这个定义，其实另外两种关系曲线具有更好的延性。总应变能和最大相对应变能可以如下确定。

$$W_{\text{int, max}1} = \frac{25}{2} \times 0.010 + 25\,(0.030-0.010) = 0.625\text{kN} \cdot \text{m}$$

$$\xi_1\,(a_\text{u}) = \frac{0.625}{25 \times 0.030} = 0.833 \tag{2-5}$$

$$W_{\text{int, max}2} = \frac{35}{2} \times 0.005 + 35\,(0.020-0.005) = 0.6125\text{kN} \cdot \text{m}$$

$$\xi_1\,(a_\text{u}) = \frac{0.6125}{35 \times 0.020} = 0.875 \tag{2-6}$$

$$W_{\text{int, max}3} = \frac{35}{2} \times 0.005 + \frac{35+45}{2}\,(0.020-0.005) = 0.6875\text{kN} \cdot \text{m}$$

$$\xi_1\,(a_\text{u}) = \frac{0.6875}{45 \times 0.020} = 0.764 \tag{2-7}$$

　　因此，通过"最大相对应变能"这一参数，可以区分曲线 2 和曲线 3 的延性，并得出结论：涉及延性，曲线 2 具有更好的性能。这意味着，在发生位移的过程中，相对于最大抗力，曲线 2 的平均力大于曲线 3。当设计是基于最大抗力时，这点是非常重要的。

　　延性通常是有利的特征，特别是在偶然作用状况下，以下几个方面是很重要的：

　　① 结构整体性；

　　② 力的塑性重新分配；

　　③ 能量吸收；

　　④ 动力放大。

　　有关延性的特性是，如果结构构件的连接节点或临界截面超载，则此结构构件将开始以塑性行为模式变形；而与此同时，仍然可以传递一个几乎保持为常数的力。因此，超载不会导致结构构件产生突然断裂，但是脆性特性可能会引发突然断裂。与延性响应有关的连接节点，很容易容纳较大的相对位移，因为连接能力依然存在。这对于必须确保支承功能的构件处的连接节点尤为重要。由于结构系统中的结构构件在经历过大的移动和相对位移之后，仍然是紧密相连的，因此所有的连接节点的延性都有助于结构的整体性。

在偶然作用造成局部损坏的情况下，应需要过渡至替代的荷载传力路径，以防止连续倒塌。在这种情况下，延性通常有利于力的塑性重新分配。超载截面可以以塑性模式变形，与此同时，荷载则转移到仍维持有承载能力的结构体系内的新的传递路径中。

对于连接节点或结构构件的临界截面给定的最大抗力，可能的能量吸收会随着变形能力和延性的增大而增加，见图9和图10的比较。高变形能力意味着内功（力与位移相乘的乘积）增加。此外，较高的延性水平意味着：屈服后的力在经历大的位移后几乎维持为常数，而与此同时能量的吸收增加。当结构系统受到偶然作用的直接影响，同时在局部损坏的情况下转换到替代的荷载传力路径时，高能量吸收是有价值的。

如果发生局部损伤，一些结构构件可能会失去其支承构件，此时需要有措施使其能跨越受损区域，到达替代的荷载传力路径中去。在初始状态，在连接节点和其他关键截面达到临界状态之前，抗力尚未激活；这意味着当局部损坏发生时，结构构件的位移开始加速，并产生动能。随着位移的增加和内力的发展，这种现象可能会减慢，直至变形停止，因此需考虑动力效应。其中一个重要的方面就是：在产生位移的阶段，关键截面的平均作用力与同一截面最大抗力的相关性。关键截面的高延性意味着，相对于未表现出延性的线弹性反应阶段，动力放大作用能够降低。因此，对截面抵抗力有贡献的机制能够被更加有效地调动。

2.3.5 拉结系统的变形

在装配式结构中的拉结系统，包括穿越接缝连接结构构件的拉结钢筋。

这种接缝周围的区域可以被定义为如图 11 所示的"拉结连接节点"。当拉结连接节点受到拉力时，通常接缝界面的一侧会开裂；在荷载进一步增加的情况下，裂缝会开展。其响应是拉力 N 和裂缝宽度 W 的函数。理论上，拉结连接节点可被视为"单侧开裂"的情况。以下章节将更加详细地讨论这种拉结连接节点的变形能力和延性，并给出其响应的预测模型。

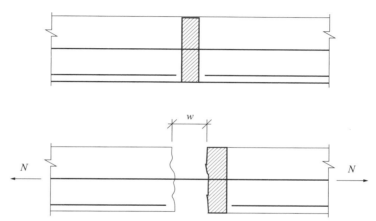

图 11　采用连续的拉结钢筋的拉结连接节点。变形集中于单侧开裂处的裂缝，此裂缝通常出现在某一侧的接缝界面

拉结连接节点的整体响应取决于拉结钢筋的性能及其粘结机制。响应基本上可以分为两个阶段，即在钢筋屈服前和钢筋屈服后。为了获得钢筋在塑性阶段的延性，应充分利用钢筋的完全塑性范围。因此，钢筋应足够牢固地被锚固，以保证钢筋在断裂时的抗拉能力。

对于带肋钢筋来说，初始状态是刚性的。但即使钢筋自身在受拉时的响应是线弹性的，其拉力与裂缝宽度之间的关系也略显非线性，因为刚度随着拉力的增加略有下降。其原因是传递长度随拉力的增大而增加，因此锚固区域会有更长的部分，通过局部滑移对裂缝宽度的增大产生贡献。对于给定的钢筋应力低于屈服应力的情况，相应的裂缝宽度可以被估算：

$$w\left(\sigma_{\mathrm{s}}\right)=0.576\left(\frac{\phi\cdot\sigma_{\mathrm{s}}^{2}}{\tau_{\max}\cdot E_{\mathrm{s}}}\right)^{0.714}+\frac{\sigma_{\mathrm{s}}}{E_{\mathrm{s}}}\cdot 4\varphi\qquad(2\text{-}8)$$

式中，σ_{s}——钢筋应力；

ϕ——钢筋直径（mm）;

τ_{max}——最大粘结应力，在"良好"粘结条件下为 $2.5\sqrt{f_{cm}}$；在"所有其他情况"下为 $1.25\sqrt{f_{cm}}$。

f_{cm} 为混凝土平均抗压强度（MPa），它可以根据欧洲标准 EN 1992-1-1[5] 由下式确定，或者根据国家标准给出。

$$f_{cm} = f_{ck} + 8 \text{（MPa）}$$

钢筋屈服之前，在接缝处会出现一些放射状的斜裂缝，最终这些裂缝将沿钢筋滑移方向发展，并形成一个混凝土圆锥体，见图 12。这会导致局部粘结失效，并形成无粘结区，此区域内 $\tau_b = 0$（图 12b）。通常可假定，此种无粘结区的长度大约是单侧开裂处钢筋直径的 2 倍。以上表达式考虑了这种无粘结长度。

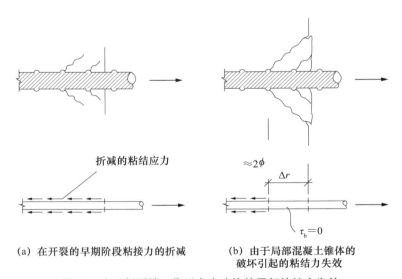

(a) 在开裂的早期阶段粘接力的折减   (b) 由于局部混凝土锥体的破坏引起的粘结力失效

图 12　由于斜裂缝，靠近自由边缘的局部粘结力失效

可以采用表达式（2-8），通过取钢筋应力等于屈服强度来估计在屈服开始之前达到的最大裂缝宽度 w_y。由此看来，最大裂缝宽度随着钢筋直径的增加而增加，随混凝土强度的减小而减小。图 13 给出了在钢筋屈服前，各种直径的拉结钢筋应力与裂缝宽度之间关系的示例。

图 13 中的曲线对应图 14 所示的整体荷载-位移关系的第一阶段。

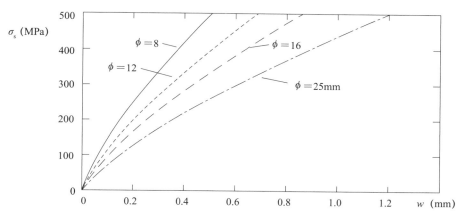

图 13 在钢筋屈服前，发生单侧开裂的情况下，预测的钢筋应力与拉结连接节点中裂缝宽度之间的关系。条件为：钢筋屈服强度 **500MPa**，混凝土强度等级 **C30/37**，粘结情况良好[15]

当达到屈服强度时，在无粘结长度范围内会立即发生塑性变形。因此，为了获得较大的塑性变形，必须迫使屈服现象沿混凝土内的钢筋扩展。这种屈服的渗透只有在钢筋应力超过屈服强度时才会发生，因为拉力必须克服沿钢筋的粘接力。如果钢筋具有理想的弹 - 塑性响应，屈服仅发生在无粘结区内。因此，钢筋的应变硬化是与塑性变形有关的一个基本特性，它可表征为在断裂时的抗拉强度与屈服强度之比。屈服的渗透导致粘结强度的下降，这对进一步的屈服渗透是有利的。在塑性区中，当钢筋屈服时，塑性应变导致裂缝张开。断裂发生前发生的极限裂缝宽度主要取决于在塑性区内的塑性应变。

沿着钢筋的塑性区在裂缝每侧的最大延伸量可以估算为

$$l_{t,\ pl} = \frac{f_u - f_y}{\tau_{bm,\ pl}} \cdot \frac{\phi}{4} = \left[\left(\frac{f_u}{f_y} - 1 \right) \right] \frac{f_y}{\tau_{bm,\ pl}} \cdot \frac{\phi}{4} \qquad (2\text{-}9)$$

式中，f_u——拉结钢筋的抗拉强度（在断裂时）；

$\quad\quad f_y$——拉结钢筋的屈服强度；

$\quad\quad \tau_{bm,\ pl}$——塑性区的平均粘接应力；在良好粘接条件下，$\tau_{bm,\ pl} = 0.68\sqrt{f_{cm}}$；在其他粘接条件下，$\tau_{bm,\ pl} = 0.34\sqrt{f_{cm}}$；$f_{cm}$ 按 MPa 计；

$\quad\quad \phi$——拉结钢筋直径。

最终的裂缝宽度可以被估算为

$$w_u = l_{t,\,pl} \cdot \varepsilon_{su} + w_y \qquad (2\text{-}10)$$

式中，ε_{su}——极限荷载下的钢筋应变；

$\qquad$ w_y——屈服开始时的裂缝宽度。

在上述计算参数的基础上，可以建立采用带肋拉结钢筋的拉结连接节点处的拉力与裂缝宽度之间的理想曲线，如图14所示。在这种曲线中，第一个上升段被简化为一条直线，与图13中的曲线相比，图13是更为准确的曲线。

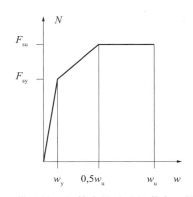

图14 带肋拉结钢筋在拉结连接节点处拉力与裂缝宽度之间的理想关系曲线

从这些表达式中可以明显看出，随着屈服强度的增大、钢筋屈强比 f_u/f_y 的增大、钢筋直径的增大和混凝土强度的降低，塑性变形在不断增加。但对于采用普通带肋拉结钢筋的拉结连接节点，对应最大相对应变能的延性与钢筋直径和混凝土强度无关。这是因为当极限位移改变时，力－位移关系的比例保持不变。

通过计算拉力与裂缝宽度之间的关系，图15～图17显示了混凝土强度和钢筋的延性等级对拉结钢筋直径的影响。

尽管如此，为了使拉结连接节点在抵御偶然作用时有更好的响应，在拉结连接节点处最好使用比同一区域的单根钢筋直径更小的钢筋，以避免受损区域塑性变形的集中。

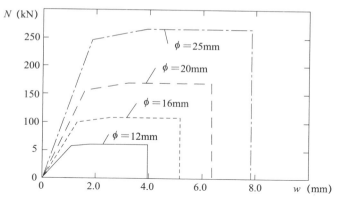

图 15 在拉结连接节点处单侧开裂的情况下，采用屈服强度为 **500MPa**、
不同直径的拉结钢筋时，拉力与裂缝宽度之间的预期关系[15]

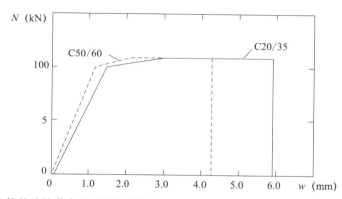

图 16 在拉结连接节点处单侧开裂的情况下，采用 ϕ**16mm** 带肋拉结钢筋、屈服强度
500MPa、混凝土强度等级 **C30/37** 时，混凝土强度以及其他粘接条件对拉力与
裂缝宽度之间预期关系的影响[15]

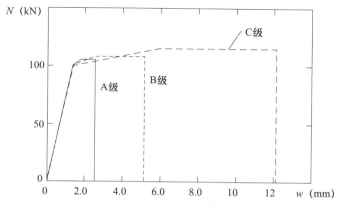

图 17 在拉结连接节点处单侧开裂的情况下，采用屈服强度 **500MPa** 的钢筋、
混凝土强度等级 **C30/37** 时，钢筋的延性等级和其他粘结条件对拉力和裂缝宽度
之间预期关系的影响[15]

2.3.6   拉结连接节点鲁棒性的重要特性综述

本节强调了考虑偶然作用的主要原因，并根据其附随的压力、反应和动力效应等几方面说明了它们可能对建筑结构产生的影响。本节还定量分析了诸如结构的连续性、延性、应变能量吸收和裂缝宽度等重要的结构特性。在装配式混凝土结构中，为此提供抗力和行为措施的一种方法是拉结钢筋使用延性钢材，但这不是唯一的解决方案。

在其后的章节中，第 2 章所介绍的截面特性将用于极限状态的设计过程，并特别关注了在装配式混凝土结构中采用的连接节点和构件的类型。

第 3 章

应对偶然作用的策略

本章给出建筑用以应对偶然作用的基本物理防护策略。它们不是替代方案，但可以与在同一栋建筑中单独使用的、用来降低连续倒塌风险的施工方法结合在一起。在开始分析之前，建议检查项目可能发生的风险，以及后果的严重性。

3.1 建筑的分类

美国和欧洲的标准主要根据建筑的使用范围（更具体地说是高度）和建筑物的功能，为建筑结构规定了用以抵御偶然作用可能产生的不良后果的、最低限度的保护措施。通常，建筑物按照被称为重要性的等级进行分类：

— 重要性等级 1：低（产生的后果有限）；

— 重要性等级 2a 和 2b：中等；

— 重要性等级 3：高。

欧洲标准 EN 1991-1-7[4]（表 1）给出了分类的示例。它建议根据建筑物的不同类型及占用人数进行重要性等级分类。表 1 将这些建议与欧洲标准 EN1991-1-7 推荐的设计分析策略相结合。这种方法和对抵抗偶然作用所推荐的等级，是基于事件的潜在后果。

初看，建筑物的分类看起来很简单。然而，进一步探索时会出现难题。例如，楼层数量不同的建筑、多用途的建筑，或设有地下室的建筑等。通常情况下，楼层高度不同的建筑物会被划分为多个级别，此时应采用比较复杂的那个级别。但是，如果建筑平面的面积较大，并且已被划分为独立的结构来控制收缩，那么面积较小的区域可以被划分为等级较低的建筑。

重要性等级的分类和设计策略   表 1

重要性等级	建筑类型和用途	设计策略（非欧洲标准）
1 类	不超过 4 层的独栋居住建筑； 农业建筑； 罕有人至的建筑；前提是建筑物的任何部分都不能靠近另一座建筑物；或是当有人前往此建筑，其距离为 1½ 倍的建筑高度	如果建筑物根据国家或国际标准的要求进行设计，并满足相关标准关于正常使用情况下稳定性的规定，则没有必要对于不明原因的偶然作用作进一步的具体考虑
2a 类 低风险组	5 层独栋居住建筑； 不超过 4 层的旅馆建筑； 不超过 4 层的单元住宅、公寓及其他居住建筑； 不超过 4 层的办公建筑； 不超过 3 层的工业建筑； 不超过 3 层，每层建筑面积不超过 1000m² 的零售场所； 单层教育建筑； 所有不超过 2 层的建筑物，其中允许包含公共部分，其每层建筑面积不超过 2000m²	建筑物的设计应符合间接法的要求（见第 4.3 节）。 对框架和承重墙建筑，应根据第 4 章要求，分别设置有效的周边和内部的拉结件。 对垂直拉结件不做严格要求，但推荐其做法
2b 类 高风险组	4 层以上的旅馆、单元住宅、公寓及其他居住建筑，但都不超过 15 层； 超过 1 层的教育建筑物，但不超过 15 层； 超过 3 层的零售场所，但不超过 15 层； 不超过 3 层的医院； 超过 4 层的办公建筑，但不超过 15 层； 所有建筑，其中允许包含公共部分，其每层建筑面积超过 2000m²，但不超过 5000m²； 不超过 6 层的停车场	水平和垂直拉结件的设置应符合第 4 章的规定。 作为一种备选方案，此类建筑物应按照替代的荷载传力路径法的要求进行设计；应对建筑进行验算，以确保当任一承重柱和任一支承在柱上的梁假定被移除后，或是如第 4.4 节中定义的承重墙的任意截面被移除后，建筑物仍能保持稳定，任何局部的破坏不超过一定的限度； 假设上述柱子和部分墙体被移除，可能会导致较大范围的破坏超过规定的限度。此时，这些构件应根据特定的荷载抗力法来进行设计（见第 4.5 节）； 在框架－剪力墙建筑中，模拟部分墙体被移除，每次移除一片墙体，很可能是最实用的、可接受的策略
3 类	面积和楼层数量超过上述定义的较低的或较高的 2 类重要性等级的所有建筑； 所有能容纳大量人员的建筑物； 能容纳超过 5000 名观众的体育馆； 被认为是具有高风险目标的建筑物； 储存和／或加工处理危险品的建筑物	必须区分容纳有常规数量人员和容纳有大量人员的建筑之间的区别，或是说在偶然作用下产生的后果的严重性的区别。 1）超过重要性等级 2a 和 2b 类的建筑。对这类建筑的分类也可以采用以下方法： a）需要按照第 4.4 节中规定的替代的荷载传力路径方法的要求进行设计的建筑，或 b）需要对建筑物进行系统性定性的风险评估，并根据已生效的评估进行了必要改进的建筑。

续表

重要性等级	建筑类型和用途	设计策略（非欧洲标准）
3 类	面积和楼层数量超过上述定义的较低的或较高的 2 类重要性等级的所有建筑；所有能容纳大量人员的建筑物；能容纳超过 5000 名观众的体育馆；被认为是具有高风险目标的建筑物；储存和 / 或加工处理危险品的建筑物	2）能够容纳大量人员的建筑，和超过 5000 个观众座席的体育场。对于这几类建筑，偶然作用的后果可能是严重的，应对这类建筑进行系统性风险评估，并根据已生效的评估进行必要的改进。 3）被视为高风险的建筑，或储存危险物品的建筑，或工艺流程有危险的建筑。对于这几类建筑，应该进行系统性风险评估，并根据已生效的评估进行必要的改进

注：1. 对于非单一用途的建筑物，其重要性等级应按最严格的类型执行；

　　2. 在确定楼层数量时，当地下室楼层重要性等级符合"2b 类高风险组"的要求时，地下室的层数可不考虑；

　　3. 在重要性等级中没有给出明确说明的建筑应选择最类似的建筑类型。

同样，混合用途建筑通常采用更加严格的等级。但当较低级别的建筑建于较高级别的建筑之上时，上部楼层仍可按较低等级确定其重要性等级。例如，当 2 层公寓建于超过 2000m² 的零售商场之上时，商场部分的重要性等级定为 2b 类，而上方的公寓仍可定为 2a 类。

3.2　系统性风险评估

对建筑工程项目进行系统性风险评估的目的，是发现并指出偶然作用发生时，所存在的潜在风险及其相关影响。这是在设计的早期阶段作出的判定。评估结果可有助于选择设计策略，以减少连续倒塌的风险。在欧洲标准 EN 1991-1-7[4] 中，这仅用于高层建筑（＞15 层）和复杂建筑工程。

有两种类型的系统性风险评估：一种是定量的评估，即事故（倒塌）的影响被量化，风险发生的可能性可以被估算；一种是定性的风险评估，在没有量化权重的情况下，对薄弱点进行搜寻。

两种类型的评估都应包括以下步骤：

1）对象的描述

系统性风险评估的第一步，是对拟评估建筑的结构和功能进行阐述。例如，建筑物的类型、对在建筑物中可能发生的活动的设想，以及在建筑物的生命周期内人员的入住率和人员分布情况。除此之外，必须考虑以下几个方面的问题，以及处理这些问题的程度（或深度）。

① 在偶然作用事件发生后，建筑的战略作用，例如能源供应、饮用水供应、交通运输、经济生活、土地管理（政府策划指导的活动）、医疗保健、食品和食品供应链等；

② 人员大量伤亡的可能性，例如在剧院、购物中心、（运动）体育场、（铁路）车站、机场候机楼等；

③ 建筑物及其结构的技术特点，例如结构形式、稳定系统、连接节点、高度、跨度等，以及所使用的材料；

④ 由于工业活动造成的可能的特殊风险，如交通、水等；

⑤ 恐怖主义活动。

2）风险的分析

根据以上提出的各项要求，风险分析列表如下：

① 确定一个原因（威胁）；

② 发展一种机制（事件的因果关系）；

③ 事件的结果（死亡、惨重伤亡、受伤、费用、环境受损等）。

"风险"这个词被定义为：一个严重事件发生的概率乘以它的重要性；高概率和高重要性意味着高风险，但低概率和非常高的重要性也会导致高风险。一般来说，已经在第 2 章中指出的下述威胁，可以区分为：

— 意外的或不可预见的大规模行动；

— 分散的或不可预见的场地条件或其他周边条件；

— 特殊的作用，如火灾、爆炸、车辆碰撞、飞机撞击、船舶碰撞；

— 不可预见的荷载和特殊影响；

— 不可预见的强度降低，可能与材料的退化有关；

— 设计错误；

——施工／制造错误；

——非预期的使用。

每一种可能出现的风险情景都应根据其重要性来进行判断。这可根据其发生的概率来确定，从非常低到高；同时这种风险可能导致的影响（后果）也从非常低到严重。可根据欧洲标准 EN1991-1-7[4] 将这些后果定义如下：

——非常低：不十分重要的局部损坏；

——低：局部损坏；

——中等：部分结构失效；不太可能引发全部结构或部分结构倒塌；对使用者和公众造成伤害和混乱的可能性很小；

——高：结构多处失效，导致部分倒塌的潜在可能性较大，并可能对使用者和公众造成一些伤害和混乱；

——严重：结构突然倒塌，并极有可能引发生人员伤亡。

这些事故可采用概率的形式进行量化，EN 1991-1-7[4] 提出如下建议：

——非常低：0.00001；

——低：0.0001；

——中等：0.001；

——高：0.01。

如果破坏可以用数字表达，那么风险可以被表示为意外事件后果的数学期望。表 2 给出了一种表达风险的可行方法。当按照这种方法对建筑结构进行风险评估，而评估结果超过了矩阵中的界限（黑粗线）时，必须对此结构进行更加详尽、细致的检查，而不能按照传统方法进行设计。然后有必要寻找经济上可行，同时还能起到防御作用的降低风险的方法。为满足分界线要求，或者也可以采用非常严格的设计方法，即进行专项设计，以满足相关需求，例如足尺寸试验、有限元模型分析等。

注意：对于这些事故及其影响等级的判断有高度的直观性和主观片面性。因此，由专家起草这些等级的划分是很重要的。

展示风险定量分析结果的示意　　　　　表 2

重要性＼概率	非常低	低	中等	高
严重	★			
高	★			
中等		★		
低			★	
非常低				★

★ 提供最大可接受的风险水平的例子。

3.3　降低发生连续倒塌潜在可能性的措施

最初的局部损坏可能由于人为的故意爆炸、意外爆炸、车辆撞击、火灾或其他异常荷载事件引起。有几种方法可以减少偶然作用发生的可能性，和／或降低其影响。一般来说，这些方法可以分为五类：消除初始诱因、场地条件、保护结构、建筑概念设计和降低荷载效应。

1）消除初始诱因

通过消除初始诱因可以避免偶然作用。然而，在大多数情况下，完全排除所有可能发生的偶然作用是不现实的。造成这一事实的主要原因之一是，我们无法确定在建筑物的生命周期中可能发生的所有偶然作用。禁止在建筑物内安装煤气装置，可以避免民用煤气发生爆炸的风险。

2）场地条件

在场地内，建筑物的布局对其易损性有很大影响。建筑物应尽可能远离建筑红线。这不仅适用于邻近街道一侧的建筑，也适用于邻近相邻建筑的建筑。常见的惯例是在建筑物前面设置一个大的广场，同时建筑物的两侧和背面都应尽量后退，以便与广场边界保持一定的距离。

3）保护结构免受偶然作用的影响

沿着建筑物的周边设置具有保护作用的障碍物，它们应具有抗猛烈撞击的能力。该能力应与车辆大小和可达到的最大速度相一致。与水道毗连的建筑物可以通过设置防护用系船柱来防止船舶碰撞等。通常，与邻近街道平行的建筑物部分，需考虑最大速度 45km/h 的车辆撞击；对于街道转角处，或 T 字形路口交叉处，需考虑速度高达 75km/h 车辆的撞击。根据现行标准，车辆的重量可能从汽车的 2000kg 到卡车的 7500kg。

美化用景观的特点使其可以成为障碍带，也可被用来防止车辆猛烈撞击建筑物。纪念性建筑物的台阶，以及靠近建筑物的永久性种植物、雕像、混凝土座椅、人工水景或其他景观均可以有效地被用来防止车辆的闯入。通常是在注重建筑设计完整性的项目中使用这些方法。当建筑物有足够的后退，使街道和建筑物之间有几层障碍物时，这些方法是最有效的。

4）建筑概念设计

建筑物的形状和平面布局可以对结构的整体破坏产生影响。对于新建建筑来说，结构构件（梁、柱和墙）布置的规则性、均匀性可以对结构承受连续倒塌的能力产生重大影响。如果一个构件会由于碰撞或意外事故而导致失效，那么设计的规则性可以使结构的强度连续，并具有更大的冗余度，由此，荷载的重新分配能力可以使构件免于因冲击或事故而失效。

不规则的形状，如凹角或凸出，很可能会约束爆炸冲击波，从而放大气体爆炸的影响。应该注意的是：大的或平滑的凹角比小或尖锐的凹角和凸出对爆炸的影响更小一些。一般情况下，对于爆炸荷载的抗力，建筑物外形的凸出比凹进更好一些，因为在圆形表面上的反射压力比平面或凹面上的反射压力要小。露台由于承受竖向荷载被视为屋面系统，需要细心设计结构和细部节点，以限制支承梁的内部损伤（图 18）。

5）降低荷载效应

三明治墙板的横截面，因其兼有硬质层和软质层，能够耗散爆炸能量。安全墙也可以减小爆炸压力。另一种解决方案是改进窗的固定装置的设计，使其可以起到通风板的作用。建议在设计中考虑由于玻璃碎片或其他结构构件产生对人身伤害的风险。

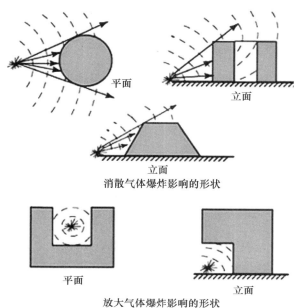

平面

立面

立面

消散气体爆炸影响的形状

平面

立面

放大气体爆炸影响的形状

图 18　建筑物形状对外部气体爆炸荷载的影响[27]

3.4　合理设置疏散路线

应优化建筑设计，以方便疏散、救援和重建工作。可通过结构设计和紧急出口的合理设置以及冗余设计来实现。通过有效的结构设计，可以减小结构和内部部品部件的整体损坏程度，更加便于人群通过出口疏散，并方便应急救援人员安全进入。多个便于出入且不受瓦砾影响的主出入口路线，是实现这些目标的关键。

3.5　结构概念设计

3.5.1　简介

防止连续倒塌的结构措施，可分为间接设计方法 1）和直接设计方法 2）

和3）。这些设计方法均基于某种假定和条件，因此具有不同的技术优点或缺点。方法1）需要考虑不可预测的事件；另外两个则是基于某些假设。

3.5.2　设计方法

根据重要性等级（见表1），对于建筑物的倒塌问题，可以使用下列设计方法：

1）间接设计方法

间接设计方法也称为"拉结力法"。通过在整个结构中拉结系统的应用，提供最低水平的抗拉承载能力和延性，间接地提供了抗连续倒塌的能力。这些拉结件的尺寸主要基于"视为满足安全规则"或其他类似的、或多或少有些主观的假设。采用这种方法为建筑物提供了一定的鲁棒性，以在不确定的意外荷载下，在合理的范围内生存。

建筑通过拉结件被机械地拉结在一起，以增强连续性，并实现内力重分布，以此建立备用的、替代的荷载传力路径。抗拉能力通常是由既有的结构构件和连接节点所提供的，这是设计的第一步，即利用常规的设计流程使结构承担标准的、施加于其上的荷载。所提供的抗拉能力应符合防止连续倒塌的最低规则。

所提供的拉结件的类型取决于结构类型。拉结系统包括水平拉结件和垂直拉结件，这些拉结件必须能够有效地、连续地贯穿建筑周边，或横穿结构内部。沿着特定的荷载传力路径，不同的结构构件可以被用于提供所需要的抗拉承载能力，前提是它们应被充分地连接。图8和图19说明了装配式建筑结构所采用的拉结件的类型。

所有的拉结力传递路径都应该是几何直线，且应避免为了适应洞口的设置而改变力的方向，或其他类似的不连续情况。在方向的改变不可避免的情况下，可能会有可行的解决方案，但必须保证抗拉承载能力的连续性。

对于一些由各自独立的子结构组成的建筑物，或由于伸缩缝的设置而使建筑物被分割成各自独立的结构的情况，拉 - 压杆模型有助于找到满足平衡条件的布置方式。它们适用于单个子结构或独立的部分，这些部分均可被视为独立的建筑物。

有关采用水平和垂直拉结件的结构承载能力的规范条款已在第 4.3.3 节中给出。

2）替代的荷载传力路径法

替代的荷载传力路径法假定：偶然作用会导致结构的局部损坏。在对建筑物进行分析时，可以假定局部损坏可能发生的各种位置，以确保在特定的荷载条件下，可以使作用力得到重新分布。应该在结构的设计中考虑连续倒塌的问题，保留未受到损坏的结构构件，依此在结构中重新分配所有与之相关的设计荷载。拉结节点和拉结件应按照重新分配的荷载进行设计，以抵抗由此产生的荷载。这种方法的成功与否取决于对局部损坏的假设。

替代的荷载传力路径法意味着：

—— 局部损坏部分必须由另一个替代的承重体系搭建桥梁。在向新体系的过渡中，必须计入动力效应的影响；

—— 在相应的荷载组合产生局部损坏的情况下，结构整体必须保持稳定。

这种方法的优点是，在结构设计过程的开始阶段，设计方法就可以被清晰明确地进行定义。缺点是可能求解过于缓慢，导致增加了不必要的复杂性和额外费用。进一步的详细分析见第 4.4 节。

3）特定的荷载抗力法

在特定的局部抗力法或"关键构件法"中，设计者明确设计了用以抵抗偶然作用的关键竖向承重构件，如爆炸作用。关键构件可以是任何一个结构构件，结构其余部分的稳定性依赖于此关键构件，与此构件相关的结构拉结节点也依赖于它。在此情况下，没有替代的荷载传力路径的可能性。

关键构件及其细部连接构造的设计，应考虑能够抵御偶然作用产生的特定设计值。选择适当的偶然作用的类型及其量级是关键。同时，它将随建筑的类型，以及建筑中容纳的人数的不同而变化。由于这种方法带有主观性，结构的其他部分也应根据第 3.5.2 节的 1）和 2）中提及的其中一种设计方法进行设计。

这种对于偶然作用特定的抗力法适用于所有情况，它也是对某些特定荷载的现实可行的备选方法，例如汽车碰撞。应该考虑所有风险，不同的偶然作用可以采用不同的方法。在第 4.5 节中将给出进一步的解释。

4）系统性风险评估

系统性风险评估（见第 3.2 节）是引导设计实现成本和风险相平衡的一种方法。根据系统性风险评估的结果，结构的每个特定部分都可以遵循上述所提及的方法，或采取一些专门定制的实施措施。

该方法的优点如下：

——定制的，也就是根据标准的要求"量身定做"的；

——可以识别风险和失效机理；

——概述了风险，并提高了相关人员的认识；

——可以识别薄弱点。

该方法的缺点如下：

——时间悖论：事故的影响因素及其形成的后果（表 2）仅在设计流程结束时才能被知晓。然而，由于设计师需要在工作开始阶段就了解这些因素，以便做出主要的、原则性的设计决策，然后设计和系统性风险评估必须同时在反复的循环中进行，在过程中不断收敛，以取得最后的结果。对于负责审批的决策者和政府部门来说，统筹工作是具有挑战性的；

——对于结构工程师来说，这是一种未知的技术；

——需要高度抽象。这种方法涉及需要减少有关概念的信息量，只保留与特定目标相关的信息。例如，混凝土的粘结强度也许不是风险评估的重要特征，但混凝土的真实粘结强度其实是未知的，这一直要到混凝土构件制作完成并在现场安装就位后才能确定；

——可能需要大量人力；

——要求参与工作的各方加强沟通与合作。

第 4 章

防止连续倒塌的设计方法

4.1 偶然荷载的作用组合

在偶然作用设计状况下，不同作用同时发生的概率是不同于正常设计状况的。因此普遍认为，在同时考虑不同作用的影响时，检验结构可靠度的设计值取值可适当放宽一些。

欧洲标准 EN 1990[3] 给出了偶然作用设计状况下的作用组合，见下述表达式（4-1）[欧洲标准 EN 1990 中的公式（6.11b）]，它可用于整体结构，并区别于常规的分析方法：

$$\sum_{j \geqslant 1} G_{k, j} + P + A_d + （\psi_1 \text{ 或 } \psi_2）\cdot Q_{k1} + \sum_{i > 1} \psi_{2, i} Q_{k, i} \qquad （4-1）$$

式中，$G_{k, j}$——永久荷载 j 的标准值，

$$G_{k, j} = G_j \cdot \gamma_G$$

P——预应力作用相应的代表值；

A_d——偶然作用设计值。在替代的荷载传力路径方法中，偶然作用由结构构件的突然失效来表示，从而导致相邻构件的动态加载；

ψ_1——主导的可变荷载的频遇组合系数；

ψ_2——主导的可变荷载的准永久组合系数；

Q_{k1}——主导的可变荷载 1 的标准值；

$\psi_{2, i}$——其他可变荷载的准永久组合系数；

$Q_{k, i}$——附加可变荷载 i 的标准值。

欧洲标准 2[5] 中，用于偶然设计状况中的分项安全系数 γ_G 和 γ_m 被取为 1.00。但是，为了考虑可能存在的质量差异，几个国家的标准（例如美国标准 UFC 和 ASCE 7-02，以及澳大利亚规范）均规定，对于起不利作用的永久荷载标准值取 1.10 或 1.20 的分项系数，并取不利部分的系数为 0.9。本书建议取 $\gamma_G = 1.00$，$\gamma_m = 1.00$。在偶然作用的设计中，主导的可变荷载可

采用频遇值 ψ_1 或 ψ_2。欧洲标准 EN 1990 为各种建筑物给出的系数 ψ 值见表 3。

建筑物的系数 ψ 值（EN 1990 – 设计基础[3]）　　　　　　　　表 3

荷载	ψ_1 （可变荷载的频遇值系数）	ψ_2 （可变荷载的准永久值系数）
作用于建筑的活荷载		
类别 A：公寓，居住区域	0.5	0.3
类别 B：办公区域	0.5	0.3
类别 C：人群聚集区域	0.7	0.6
类别 D：商场区域	0.7	0.6
类别 E：存储区域	0.9	0.8
类别 F：交通区域＜ 3t	0.6	0.6
类别 G：交通区域 3～16t	0.5	0.3
作用于建筑的雪荷载	0.2[1]	0[1]
作用于建筑的风荷载	0.5[1]	0[1]

[1] 对不同地理位置的地区进行调整是有必要的。

4.2　材料的性能

材料的性能，如屈服应力、破坏强度等，应符合具体材料相应的规范的规定。在静力线性分析中，在冲击荷载的作用下，采用的混凝土和钢筋的材料强度值被允许提高 25%。在替代的荷载传力路径的分析中，因为材料的变形率被假定是逐渐增大的，因此采用较高性能的材料就不是很必要。

4.3　间接设计方法

全拉结的设计方案是基于这样的假设：当结构体系遭受到中等程度的偶然作用后，例如由于使用不当、基础沉降或是施工错误等，可以通过设置了拉结件的结构系统，增强装配式结构阻止局部破坏蔓延的能力，促进替代的荷载传力路径发挥作用，并提高结构的鲁棒性。

4.3.1 一般要求

每幢建筑物都应在其水平方向和垂直方向上，将每个主要楼层及顶层有效地拉结在一起。所有柱子和承重墙都应该将它们所支承的主要楼层或屋面层，在两个近似呈直角的水平方向上，有效地连接在一起。这种连接可以通过梁作为连接构件，在梁的连接节点处提供连续性；也可以专门设计特殊的连接件。应尽可能地将梁连续地呈直线布置，并且尽可能地靠近柱，特别是每个边柱。在凹角处，周边的拉结件应被锚固在框架内，以创建连续的拉结系统。可采用拉－压杆模型核查拉结件的布置方式。

只要有可能，竖向拉结件应尽量在节点处挂住所有的水平拉结件（纵向、横向、周边）。

拉结件可以采用钢构件，也可以是埋在构件间混凝土现浇带中的钢筋。为其他用途设置的钢构件和钢筋也可以作为拉结件使用。设计流程包括：根据使用荷载和设计跨度，设计所需要的拉结件承载能力，然后根据标准（见第 4.3.3 节）规定的最低承载能力进行校核。

设置支承楼板或屋面荷载的梁是较为合适的，前提是梁端部的连接节点能够抵抗拉力。

4.3.2 拉结功能

拉结件是由钢筋或预应力钢筋制成的连续受拉构件，被放置在预制构件之间的后浇填充带、套筒或接缝中，并在纵向、横向和／或垂直方向上设置（图 19）。它们的作用不仅仅是在构件之间传递法向力、诸如风荷载等其他荷载，它们还能给结构带来额外的强度和安全性。

1）内部拉结件

内部拉结件在两个方向被放置在每层楼板和屋面板上，并平行于和垂直于楼板跨度。平行于板跨的拉结件被称为纵向拉结件，垂直于板跨的拉结件被称为横向拉结件，（见图 8a 中紫色和蓝色箭头以及图 8b）。内部拉结件可以全部或部分地在楼板上均匀分布，也可以成组放置在接缝、拉结梁、楼面梁、墙或其他适当的位置。当楼板没有后浇叠合层时，拉结件不可能横穿跨度方向被放置，此时，横向拉结件可以沿梁线成组布置。

纵向拉结件确保了内部结构构件和外围护构件在风、偶然作用、墙倾斜等作用下产生的水平作用的平衡。纵向拉结件也将楼板通过合适的节点构造与支承结构进行了连接。

横向拉结件确保了结构横向的整体性。在支承梁或支承墙发生意外损坏的情况下，横向拉结件还必须通过悬链作用，为受到损害的区域起到连接作用，以防止结构的连续倒塌。横向拉结件还必须承担起作用在横墙之间的垂直接缝中的拉力的水平分力，以及作用在楼板构件之间的力。

2）周边拉结件

沿建筑周边应放置拉结件，拉结件与楼板端部的距离在 1.2m 之内（图 19）。这些拉结件可以防止楼板相互错动，同时产生了夹紧力，从而在预制构件之间的接缝中产生摩擦力。这些拉结件对于楼板的隔膜作用和竖向荷载的分配是至关重要的。

设置在外墙角部的周边拉结件，其角部应呈圆形，并利用现场后浇的混凝土将它们浇筑在周边的接缝中，或将这些拉结件与预制构件中的纵向钢筋搭接。在有内部边缘的建筑物周边的内凹角处，拉结件可以在内角两侧直接向内锚固。此时拉-压杆模型对分析很有帮助。

楼面拉结件必须跨越支承梁，或者直接采用单根钢筋，如图 46 所示。如果此钢筋与楼板上的开槽不重合，可采用 L 形拉结钢筋将其与梁中钢筋进行搭接。梁拉结件必须跨越柱，可以通过套筒跨越，也可以在柱的侧边通过。在角柱上的梁拉结件也必须是连续的，以便使梁能够通过悬臂梁的悬索机制达到平衡。图 44 显示了一种可行的解决方案，在这种情况下，拉结件可以放置在倒 T 形梁的翼缘上，以达到大约 500mm 的适宜的弯曲半径。

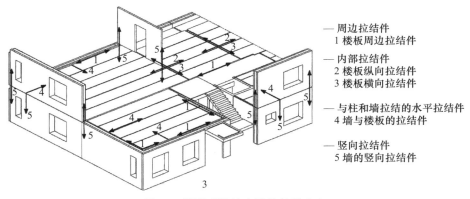

图 19　装配式结构中拉结件的定义

3）竖向拉结件

竖向拉结件应承担叠加在柱和墙结构中的弯矩。当下部柱（墙板）由于偶然作用造成局部损坏时，竖向拉结件能确保其上部结构通过悬链机制形成替代的荷载传力路径。

关于拉结件最低承载能力的信息可在表 4 和表 5 中获得，有关锚固长度的信息可以在第 5.1 节中获得。

4.3.3　规范条文

相关标准包括欧洲规范 EN 1991-1-7[4]，和英国"已获批准的文件 A 结构 1992[1]"（Approved Document A Structure），以及 UFC 4-023-03[23]，上述文件的要求已在表 4 和表 5 中进行了综述。

4.4　替代的荷载传力路径法

替代的荷载传力路径法意味着，假设一个关键构件，例如柱、承重墙等，从结构中被移除，之后的分析过程是：伴随着一个关键的构件被移除，忽略所有其他部分结构的损坏。对应构件被移除的每个平面位置，应对每一楼层进行替代的荷载传力路径分析，每次一个楼层。

支承构件的意外移动可以被表达为支承反应和时间的函数。例如：在一段很短的时间内，支承反应如何衰减。一般来说，出于安全方面的考虑，可以假设支承构件已经立即被移除，这简化了分析过程。

替代的承载力体系的动力抵抗力，取决于抵抗力体系中连接节点的延性。如果这些连接节点具有理想的塑性反应，则在位移发展过程中，其抗力是恒定的。在线弹性反应的情况下，抵抗力呈线性增加，其平均值是实际的最大值的一半。非线性反应是在上述两种极端状况之间。连接节点的延性越高，替代的承载力体系的动力抵抗力就越有利。

假设支承构件在瞬间被移除，动力抵抗力可以通过能量平衡的方法来确定，这是一种比较简单的方法。为了达到偏离状态的平衡，位移过程中势能的改变必须等于连接节点抗力的应变能。这种分析的例子在 fib 的 Bulletin 43[16] 中给出，它显示了在替代的承载力体系中连接节点延性的影响，以及几个连接节点相互作用的影响。

框架结构　　　　　　　　　　　　　　　　　　　　　　　　　　　表 4

	EN 1991-1-7	获批准的文件 A 结构	UFC 4-023-03
定义	s 是拉结件的间距； l 是拉结件的跨度（在未损坏的结构中）； Ψ 是关联因子，用于偶然设计状况下的荷载效应的组合（见第 4.1 节）	s_t 是拉结件的间距； l_a 是支承构件、柱或墙之间的最大跨度，按设定的拉结件的方向测量	F_t 为 60kN/m 或 $20 + 4n_s$ kN/m，取其中的较小者； n_s 是楼层的数量； l_t 是在设定的拉结件的方向，柱的中心线之间的距离，或所支承的任意两个相邻楼板的框架之间的跨度，取两者中的较大者（以米为单位）
内部拉结件	$T_i = 0.8\,(g_k + \psi q_k)\cdot s\cdot l$ 或 75kN， 取其较大者	$F_t = 0.5 w_f \cdot s_t \cdot l_a$ $w_f = 1.35 g_k + 1.50 q_k$	$T_i = F_t$ 或 $T_i = F_t \dfrac{g_k + q_k}{7.5}\cdot \dfrac{l_t}{5}$ 取其较大者

续表

	EN 1991-1-7	获批准的文件 A 结构	UFC 4-023-03
周边拉结件	$T_p = 0.4(g_k + \psi q_k) \cdot s \cdot l$ 或 75kN，取其较大者	$F_t = 0.25 w_f \cdot s_t \cdot l_a$ 或所考虑的楼层的柱子所承担的竖向设计荷载的 1%	$T_i = F_t$ 位于建筑物边缘 1.2m 以内
竖向拉结件	— 每根柱子或墙，从基础到屋顶层均应被连续拉结； — 柱和墙应该有能力抵抗偶然设计中的拉力，它等于传到任一楼层柱子上最大设计永久荷载和可变荷载的竖向反力	每根柱子和连接节点都能够承受直接通过楼板下方的连接节点传递到柱子上的拉力，它可取为竖向设计荷载的 2/3	— 每根柱子必须从最低层到最高层被连续地拉结； — 拉结件的抗拉设计强度应等于从任何一个楼层的柱子传来的、通过常规的荷载组合所得到的垂直方向最大荷载设计值（即最大垂直荷载乘以分项系数后的值）。钢筋的接头应设置在楼层标高之间，在楼层高度的 1/3 处，而不是在与楼板相接处或者在楼层高度中心处

承重墙结构 表 5

	EN 1991-1-2	获批准的文件 A 结构	UFC 4-023-03
定义	F_t 为 60kN/m 或 $20 + 4n_s$ kN/m，取其中的较小者； n_s 是层数； z 是 5 倍的净高 H 的较小值；或是柱或墙中心之间的最大距离，单位以米计；这些柱或墙是被单块板跨越，或是由梁和板组成的系统跨越； H 为楼层高度，以米为单位		F_t 是 60kN/m 或 $20 + 4n_s$ kN/m，取其中的较小者； n_s 是层数； l_r 是支承任意两块相邻的楼板的墙体中心线之间的较大距离。楼板的跨度与所采用的拉结件方向一致，以米为单位
内部拉结件	$T_i = F_t$ 或 $T_i = \dfrac{F_t(g_k + \psi q_k)}{7.5} \cdot \dfrac{z}{5}$ 取其较大者		$T_i = F_t$ 或 $T_i = F_t \dfrac{g_k + q_k}{7.5} \cdot \dfrac{l_r}{5}$ 取其较大者
周边拉结件	$T_p = F_t$		$T_i = F_t$ 位于建筑边缘 1.2m 内

续表

	EN 1991-1-2	获批准的文件 A 结构	UFC 4-023-03
竖向拉结件	— 每道墙都必须从基础到屋顶层被连续拉结； — 竖向拉结被认为是有效的，如果满足下列条件： a）墙的净高 H，是以米为单位测得的、从楼板表面之间或是从屋面板表面之间的墙体的高度，它不超过 $20t$，其中 t 是墙的厚度，以米为单位； b）如果这些竖向拉结件被设计为可承担以下的竖向力 T： $$T = \frac{34A}{8000}\left(\frac{H}{t}\right)^2 N$$ 或 100kN/m 的墙的荷载，取其较大者； c）竖向拉结件应沿着墙成组布置，其最大中心线距离为 5m，与无约束墙端的距离不大于 2.5m		— 每道承重墙必须从最低层一直到最高层被连续拉结； — 任何一层拉结件的抗拉设计强度必须与从任何一个楼层的墙传来的、通过常规的荷载组合所得到的垂直方向最大荷载设计值相等（即最大垂直荷载乘以分项系数后的值）

4.4.1　初始的局部损伤程度

　　初始的局部损坏程度取决于偶然作用的类型，也取决于建筑物和结构体系的类型。与细长的框架结构相比，大型墙板结构能更加有效地对偶然作用进行重新分配。只有当结构构件的失效被约束之后，如果只有局部区域受到损坏的情况下，替代的荷载传力路径法才是可行的，剩余的结构才能够找到新的平衡点。如果损坏的程度比较大，则应对结构进行重新设计，或采用特定的荷载抗力法（见第 4.5 节）。

4.4.1.1　框架结构

　　实际的分析流程是：假设在关键位置逐个移除外部或内部的承重构件。

例如，对于边柱，被移除的柱的位置应靠近建筑短边的中部、长边的中部，以及建筑物的角部，如图 20 所示。内部柱也应在其关键位置被移除。其他构件被移除的位置，应是在结构几何平面发生明显变化的地方，例如开间尺寸突然减小处，或凹墙角处；或在相邻的柱承受较轻的荷载的位置，或开间存在不同的辅助尺寸时，或框架结构构件处位于不同的方向或不同的标高处。替代的荷载传力路径的分析每次仅针对位于同一个楼层的构件，或是仅针对停车区域的构件进行，而不是针对结构中的所有楼层。

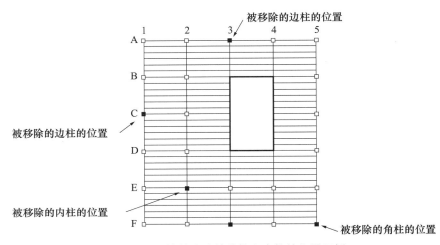

图 20　假设的被移除的外柱和内柱的位置示例

4.4.1.2　承重墙结构

对于采用大型墙板建造的房间较小的居住建筑，一般假定为，主要的局部损坏程度与单个房间的尺寸相对应。对于其他类型的建筑物，如果房间较大且采用了轻质隔墙，则损坏的程度与结构构件的尺寸有关。可以采用以下规则。

1）外（山墙）墙板

大板建筑沿着周边的墙板构件对于偶然作用是最为敏感的，这还取决于作用的类型。典型的山墙板构件长度的尺寸从 3m 甚至到 14m 不等。除非在设计中采取了措施，确保仅有部分墙板被损坏，否则需要假定山墙板全部倒塌，并作为初始损坏被合理移除。加强措施可以采取包括增设支撑墙或增设扶壁柱等形式的附加的加强构件（图 22）。

2）内墙板

对于内墙板，作为最不利状况，可假定所有墙板被移除，如图 21 所示。但是当内墙板与山墙板组合在一起共同工作时，或者在设计中采取类似措施，确保全部墙板不会完全失效时，则可以放宽这个假定。

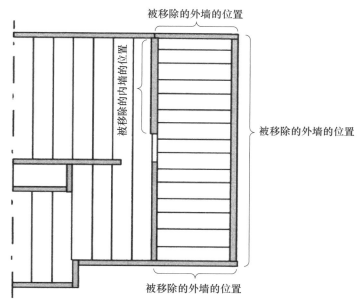

图 21　偶然作用下，假设主要墙体最大的损坏范围[25]

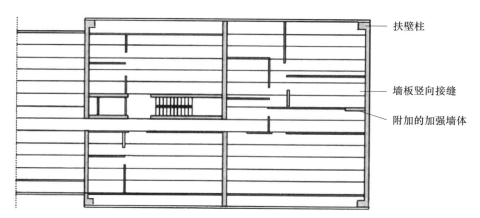

图 22　为了减少初始损坏所采取的增加墙体刚度的措施举例[25]

4.4.1.3　楼板和屋面板构件

对于楼板和屋面板构件，"无效"表明它们受到物理损坏，并已经从本质上被削弱，不能再为墙或柱构件提供侧向支撑，或是不能起到楼板所必须具备的水平隔膜作用。

对于楼板和屋面板构件来说，最极端的情况是它们的一端失去支承。这可能是由于拉结节点的失效，或是墙板或梁／柱框架的倒塌造成的，导致在最初的支承处产生较大位移。发生这种情况时，需要在相邻的楼板跨度之间具有足够的拉伸连续性，使楼板构件在其形状变形时，仍能保持共同工作；或形成附加的结构，以促进形成替代的荷载传力路径的可能性。

连续倒塌通常是由于楼板连续坍塌在下层楼板形成的瓦砾堆积而造成的。用于支承结构的、锚固在楼板之间的纵向拉结件（图 23），最好是发夹形的，或是直钢筋的形式，放置在楼板厚度的中间部位，以实现最大的功效和变形能力。

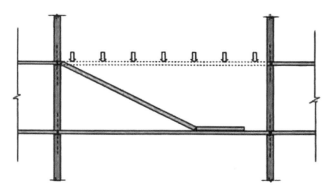

图 23　应设置纵向拉结件以防止支承构件的完全丧失

4.4.2　提供替代的荷载传力路径的机制

在"假定拆除构件"法中，主要需要关注关键构件的突然失效，应检查剩余的结构是否能够重新分配施加在其上的静力和动力荷载，并且任何局部倒塌的程度都不超过允许的限值。

以下机制可以被用于在多层装配式混凝土结构中提供替代的荷载传力路径。

4.4.2.1　框架结构

1）承载机制

① 通过在楼面梁中钢筋的悬链作用跨越受损区域（图 24），在柱子发生意外损坏的情况下，柱子已经不能再承担初始荷载，必须将设计荷载分配给其他构件，以避免连续倒塌。支承构件的丧失意味着梁的有效跨度增加了一倍，系统中额外的内力可以部分地由悬链作用来承担。

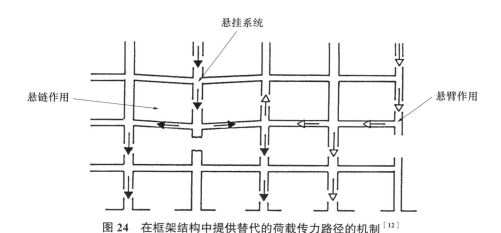

图 24　在框架结构中提供替代的荷载传力路径的机制[12]

② 悬链机制需要锚固。如图 20 中的柱 E2，即从边缘开间算起倒数第二个柱，垂直于该边的悬链机制将在边柱上施加较大的水平力，并且该悬链在竖向必须担负起两层或更多楼层以转移这些荷载。来自悬链作用力的水平反作用力可以由下一层楼板的隔膜作用来承担，但是没有必要通过上部更多的楼板来承担由于移除该柱所造成的损坏。

③ 周边结构可能将产生悬臂作用，例如在角柱失效的情况下。此时，在楼板梁顶部的水平拉结件钢筋可以作为承担悬臂作用的钢筋。为此，拉结件钢筋应该充分与梁连接在一起，例如连接到凸出叠合梁构件顶部的箍筋内。

④ 将竖向构件悬挂到受损区域上方的未受损坏的上部结构。这可以通过将所有的柱子和墙从基础到屋顶设置竖向拉结件来实现。这个机制的一个前提是，竖向拉结件与水平拉结件应在它们的交接处形成一个相交的连接点。

⑤ 楼板和屋面板的隔膜作用。

在下文中，专门对上述机制在装配式框架结构建筑中的应用进行了进一步的探讨。

2）假设拆除位于建筑周边的中柱

当多层混凝土框架结构沿周边突然失去一个柱子时，随之而来的结构响应是动态的，这会导致楼板结构发生大的变形。

在整体式现浇建筑中，包括边梁在内的楼板作为一个整体，会将荷载重新分配到周围的结构中去。边梁具有连续的底部和顶部钢筋，因此会形成悬链的形状而变形，同时楼板和边梁之间的连接节点能够充分跟随边缘结构变形，因此将有助于荷载的传递，如图 25 所示。该图展示的裂缝模式是这种典型破坏模式的特点。

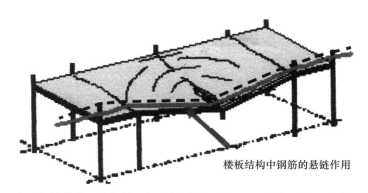

楼板结构中钢筋的悬链作用

图 25　由于偶然荷载，中部的一根边柱被突然移除后，整体结构可能出现的变形

在装配式结构中，在偶然作用传递的过程中，楼板和梁的相互作用将取决于结构的平面布置和连接节点的位置。可有两种不同的设计假定模型供选择，如下所述：

① 在一个三维的预制混凝土楼板区域，拉结件的力可以作用在两个相互垂直的方向上，即沿梁方向的拉结件可被称为"梁拉结件"，沿楼板方向

的拉结件可被称为"楼板拉结件"。楼板拉结件仅作用于梁支座失效处的附近区域，并被估算为从端部算起 $L/2$ 处。

② 另一个更不利的假设是，只要其余的柱可以承担重新分配到的重力荷载，变形将集中在梁和楼板之间的连接节点中。先前被拆除的柱所支承的预制楼板梁，通常保持完全刚性，并保持其原始形状。根据设计假定和实际构造，被保留的支承上方的梁的连接节点将处在完全受约束的状态，连接节点也可能呈现为一个铰，它可为塑性，也或许为非塑性，这取决于钢筋被放置的位置，以及梁和柱之间接缝的开裂情况，如图 26 所示。

图 26 所示的模型②是装配式结构最可能发生的情况。

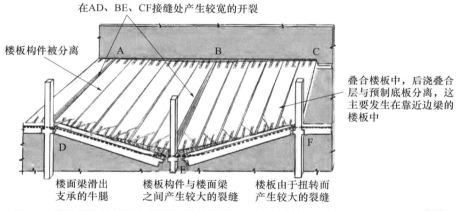

图 26 装配式框架结构由于受到偶然作用，突然失去柱后可能发生的结构行为[25]

在模型②中，如图 26 所示，假定传递到周边结构中的主要荷载仅由楼板梁来保证，不需要对设置在楼板内或后浇混凝土叠合层（如有）中的横向拉结钢筋进行重点干预。其工作机制如下：

—— 楼板构件与其支承梁之间的连接节点通常位于楼板的上部。因此，在梁向下运动时，楼板构件很可能从梁肋板上滑下来，并通过拉结钢筋悬吊在梁上。同样的方法也适用于在横向的楼板之间的相互连接节点。因此，在向悬链系统过渡期间，变形将集中在楼板构件之间的接缝处，以及楼板构件和支承梁之间的接缝处。

—— 楼面梁通常通过在牛腿中的暗销杆和在梁顶部的拉结钢筋与柱相连

接。梁或与牛腿保持连接，或从其上滑落，这有赖于梁端的形状（直线端或半接端）和连接接头插筋（销筋）的尺寸。

——在图 26 中，D-E-F 处楼板支承梁的变形长度，远大于对面的 A-B-C 处楼板支承梁的变形长度，结果将导致楼板的分离。并且由于楼板支承构件在变形状态下呈现非平面性，将使楼板发生扭转。在 AD、BE 和 CF 线上的纵向接缝可能会比其他处的接缝产生更大的开口。对于空心楼板，应将部分空心打开（如图 8b 所示），楼板构件和梁之间的拉结钢筋应被放置在这些空腔处的顶部，而不是放置在楼板的纵向接缝处，因为这些接缝会在变形时开裂，并产生较大的裂缝。

——在轴线 BE 处，已变形的结构长度要比在轴线 AD 和 CF 处结构的长度大得多，至少当假定在 E 处的柱不向内移动时是这样的。在所有上部的楼层以同样的方式变形时，后者有可能发生（图 27）。在发生倒塌时，预制楼板上部的后浇叠合层非常可能与支承线 D-E-F 附近的楼板构件分离。除非在后浇叠合层中的钢筋通过与被锚固在已灌浆的套筒中的外伸钢筋相连，因此也与空心楼板构件有效地进行了连接。被锚固在楼板构件之间纵向接缝处的连接链路，将由于预制楼板构件产生劈裂而不能工作。

——结果是，在最不利的情况下，全部重力荷载将由被锚固在楼面梁周边的拉结钢筋所承担，而在向悬链系统过渡时发生的变形，则将集中在这些梁与支承柱之间的节点处。

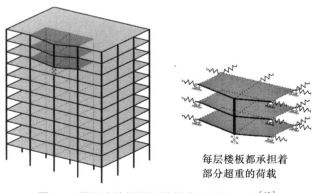

每层楼板都承担着
部分超重的荷载

图 27　用于连续倒塌评估的次级结构层次[19]

3）开发连续的替代的荷载传力路径的步骤

当由于偶然作用而将图 26 中的边柱 E 移除时，楼面梁将围绕着它们的外部支承 D 和 F 开始旋转。预制梁和楼板构件可能是预应力混凝土，它们的刚度远大于其连接节点的刚度。因此，产生位移的构件可以被假定为完全刚性的，且变形集中在连接节点处。根据梁的尺寸和连接节点的构造，梁在失去中心支承后的竖向运动过程中，将会产生多种支承机制，直到系统找到新的平衡为止，甚至倒塌。

① 在初始的水平位置处的连接节点是不受限制的，且没有抗力能够迅速阻止向下的运动。由于未达到静态平衡，永久荷载和可变荷载将引起梁加速向下运动，势能被转换为动能。由于变形，穿过接缝的拉结钢筋会随着抗力的持续发展而被拉紧，从而抵消了向下的运动。

② 在位移开始时，通过在梁上部的拉结钢筋中产生的拉力，将在剩余的支承构件处形成悬臂梁机制（图 28）。

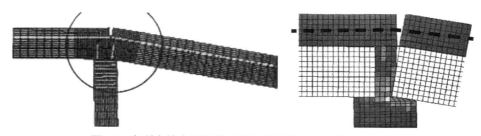

图 28　在剩余的支承构件处的悬臂梁作用（见书后彩图）

③ 当挠度小于梁截面高度时，将产生斜压杆机制。由于相邻构件的对角线长度超过了支承构件截面之间的自由活动空间，相邻构件被迫分离，并沿着对角线产生压缩作用。这种压缩受到结构系统中支承构件的抵抗。这种压力是有利的，因为它可以抵消两跨梁的挠度。然而，实际的压缩取决于结构系统的刚度，而其刚度是很难被预测的，而且也很依赖于它。例如，接缝的间隙、张开的裂缝和柔性连接节点的构造，均能大大减小其刚度（图 29）。

图 29　沿梁的对角线的压杆作用（见书后彩图）

④ 位移进一步发展，沿着梁的连续拉结钢筋将形成悬链系统机制，并进一步发展。梁通过在其上表面凸起的箍筋挂在悬链线上。悬链中实际的受力取决于拉结钢筋的强度和延性。假设预应力梁在变形情况下保持完全刚性，在柱被拆除处，梁支座反力将主要由梁端部区域凸出的箍筋承担（图 30）。

⑤ 端部支承构件处的竖向和水平反力持续增加。位移加速发展，直至达到静态平衡点。此后，竖向位移的速度开始减小，因为竖向反作用力大于所施加的荷载。

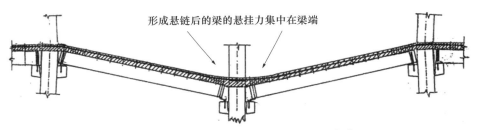

形成悬链后的梁的悬挂力集中在梁端

图 30　预制楼面梁形成悬链作用的模型[25]

悬链力取决于拉结钢筋的延性和强度。在变形的第一阶段，理论上荷载通常会比拉结钢筋的强度高得多，拉结钢筋将屈服。同时，挠度进一步增加，直到拉结钢筋能够承受剩余的力。然而，只有当拉结钢筋的延性在其整个变形阶段足以匹配时，这种行为才是可能的。如果不是这样，则在达到预计的变形之前，拉结钢筋就会断裂。

在这种情况下，第二个要求是楼板构件产生的瓦砾不会落在下层楼板上。为达到此目的，必须检查在楼板满载的情况下，楼板构件与支承结构的连接节点在变形情况下的状态（图 31）。

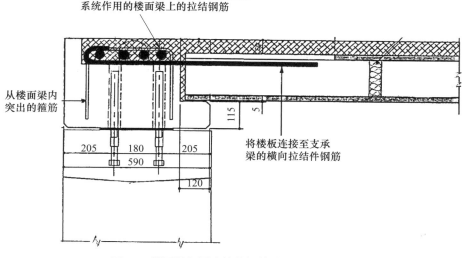

在替代的荷载传力路径中，起到悬链
系统作用的楼面梁上的拉结钢筋

从楼面梁内
突出的箍筋

将楼板连接至支承
梁的横向拉结件钢筋

图 31　楼面梁与周边拉结钢筋的连接节点示例

4）假定的角柱失效

装配式框架结构的特性不同于现浇整体结构。在现浇整体结构中，由于拉结钢筋分布在整个楼板上，因此除去角柱后，可以通过整个楼板在两个方向上的悬臂作用传递荷载。

在装配式框架结构中，拉结钢筋集中布置在支承梁上。由于下述几个原因，楼板构件的悬臂梁作用相当小（图 32）：

—— 楼板和支承梁之间的连接节点仅在楼板的纵向方向上起作用，悬臂能力可以忽略不计。

—— 结构后浇叠合层起到的悬臂作用也是有限的，但也很关键，因为后浇叠合层可能会与楼板构件剥离。

—— 楼板构件与其支承构件之间的接缝将出现大的裂缝，也是因为在连接节点处没有底部钢筋这一事实。

—— 楼板的侧向变形很可能集中在纵向接缝处，从而导致楼板构件之间产生大的开裂。

如图 27 所示，由于位于上部楼层对称的变形，柱子悬挂在结构上部，这不会直接产生作用。因此，替代的荷载传力路径最直接的机制是起支承作用的楼面梁的悬臂梁作用。但在 E 点处的楼面梁 DE 的悬臂梁作用，是否能够承受全部的意外载荷是值得怀疑的。根据规范的要求，角柱应作为关键构件进行设计。然而，最好的解决方案是重新进行结构设计，以提供其他替代的荷载传力路径。下方几张图给出了可能的解决方案，但是根据项目和设计阶段的进展，肯定还会有更多的选择。

第一种解决方案是沿轴线 AD 设置一个很强的边梁（图 32）。由于与拐角处的梁 DE 的拉结连接作用，梁 AD 也将通过悬臂作用参与荷载的传递，但其参与程度可能稍低一些。

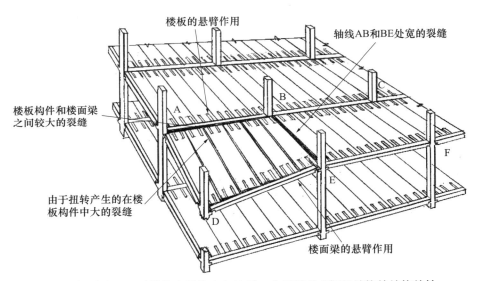

图 32　偶然作用导致结构突然失去角柱后，由于装配式框架结构的结构特性，可能引发出现的情况[25]

第二种可能的解决方案是设置双角柱（图 33a）。

第三种解决方案，是在柱 A 和柱 E 之间（图 33b）的楼板中，设置附加的对角线拉结钢筋。拉结钢筋可放置在后浇叠合层中（可作为后浇叠合层中网状钢筋的一部分），并且应通过钢筋的外伸部分被充分地锚固在楼板单元中。他们的作用是防止楼板跌落到下层楼板上。很明显，这些连接用钢筋不应放在纵向接缝处，因为纵向接缝会开裂。在空心楼板中，这些连接钢筋可以被锚入预制空心板纵向空心被打开的开孔中，并在现场浇灌混凝土填实。

第四种解决方案，是在一些较高楼层部位设置刚性支撑结构，用于悬挂在受损楼层上方的竖向柱（图 33c）。刚性支撑结构最好设置在建筑物的顶部，使其下部结构可以悬挂在该桁架上。

另一种解决方案是尽可能地沿 DE 和 AD 增加边部结构的悬臂承载能力。一个可行的解决方案是在外立面开间之间设置斜向钢支撑（图 33e）。

第五种可能的解决方案是，尽可能多地增加沿着 DE 和 AD 的边缘结构的悬臂能力。一个可行的解决方案是在立面开间（图 33d）提供钢对角线斜撑，或者在墙角设置带边框的墙板（图 33 f）。这些墙板可以在角部两侧交错放置。

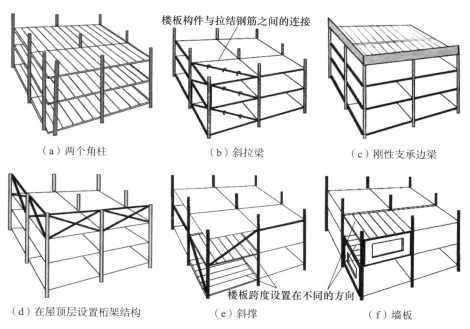

（a）两个角柱   （b）斜拉梁   （c）刚性支承边梁

（d）在屋顶层设置桁架结构   （e）斜撑   （f）墙板

图 33 提高角部结构的悬臂承载能力的解决方案示例[25]

5）设想的内柱失效

通过替代的荷载传力路径传递荷载的方案比结构边缘的解决方案更简单易行。在装配式框架结构中，在楼板构件（纵向拉结）和支承梁（横向拉结）中的拉结钢筋将通过悬链作用影响荷载的传递。

4. 4. 2. 2 框架剪力墙结构

以下机制通常可用于框架剪力墙结构，在假定承重墙板被移除后，提供了一种替代的荷载传力路径（图 34）。

1）墙组合件的悬臂作用；

2）墙板的梁和拱作用；

3）墙的竖向悬挂作用；

4）受损墙上方多跨连续楼板的悬链效应和／或隔膜作用。

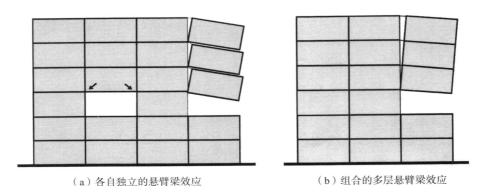

（a）各自独立的悬臂梁效应　　　　　　（b）组合的多层悬臂梁效应

图 34　框架剪力墙结构中替代的荷载传力路径机制

4. 4. 3　分析过程

可以使用各种方法分析建筑物抗连续倒塌能力，从线弹性静力分析直到复杂的非线性动力分析。

1）线性静力或线性动力：基于小变形的几何关系公式，材料被视为线弹性。全部荷载一次性施加到竖向承重构件已经被移除的结构上。

2）非线性静力：材料和／或几何关系（最好是两者均予以考虑）被视为非线性。适用于结构可变荷载的施加历程从零荷载加载到荷载设计值，并已有竖向承重构件被移除的结构。

3）非线性动力：材料和／或几何关系（最好是两者均予以考虑）被视

为非线性。适用于从满载的结构上瞬间移除竖向承重构件的情况，并根据这种情况所导致的运动来进行动力分析。

4.4.4　作用的组合

在替代的荷载传力路径的设计中，所采用的荷载通常是结构的自重和设计可变荷载的频遇值或准永久值。风荷载可以被忽略。可变荷载的频遇值或准永久值的选择，取决于不同荷载同时发生的概率（见表 3）。在地震设计中，可以使用准永久值，因为地震的发生时间是随机的，不可能与可变荷载的峰值同时发生。民用天然气爆炸也是随机事件，但恐怖袭击可能不是此种随机事件。设计人员有责任根据事件发生可能产生的潜在风险和相关影响，去选择适当的组合值系数，例如建筑物的类型、对建筑物中可能发生的活动的设想，以及预计在建筑中容纳的人数等。

为了确定替代的荷载传力路径方法中结构的剩余承载能力，应使用第 4.1 节中给出的荷载组合来评估剩余结构的承载能力。对于所有类型建筑的线性和非线性静力分析，放大系数 $\omega = 1.5 \sim 2.0$ 可以用于紧邻被移除构件的相邻开间，以及被移除构件上方的所有楼层（图 35，图 36）。对于结构的其余部分，取 $\omega = 1.0$。对于所有类型建筑的非线性动力分析，取 $\omega = 1.0$。对于承重墙体系，相邻开间被定义为跨越在被去除的墙和最近的承重墙之间的平面区域。

1）作用在楼板上的上抬荷载

当设计中必须考虑爆炸的风险时，由于爆炸产生的压力是全方位的，因此应采取措施防止爆炸点上方楼板的抬起和破裂（见图 2）。为此，在每个开间以及所有楼层和顶层，楼板系统必须能够承受向上的净荷载。UFC[23] 建议施加一个上抬的力 F，它等于楼板的自重加上可变荷载值的一半。

$$F = 1.0G_\mathrm{k} + 0.5Q_\mathrm{k} \qquad\qquad （4\text{-}2）$$

2）上抬的静力荷载的施加面积

可将这种上抬荷载作用于每个开间，每次一个开间，也即上抬荷载不能同时施加于所有开间。应在每个开间中布置楼板系统，以及该系统与梁、主梁、柱、柱头等的连接节点，连接节点也应能抵御这种上抬荷载。

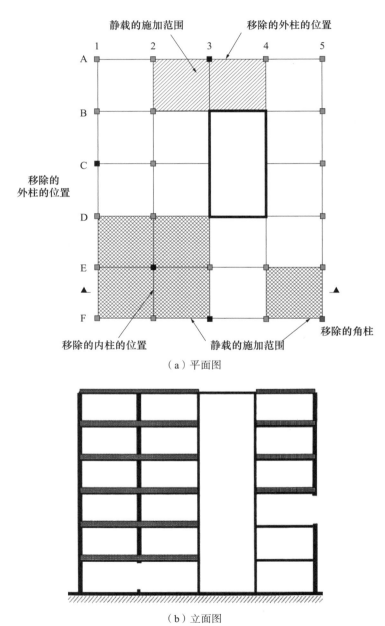

（a）平面图

（b）立面图

图 35　在设计中被移除的外柱和内柱位置示例[25]（见书后彩图）

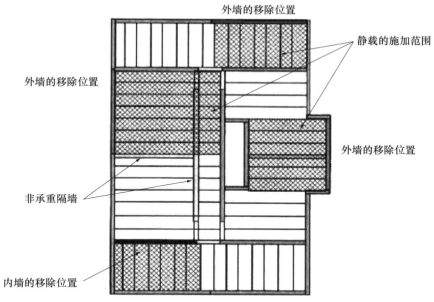

图 36　在设计中被移除的承重外墙的位置示例[25]（见书后彩图）

4.4.5　应用分析

4.4.5.1　线性静力分析

尽管一个结构在其主要的承载构件突然失效之后，对荷载重分布的响应是动力的和非弹性的，但仍可采用"等效"弹性静力分析方法。在这种方法中，由自重加上频遇或准永久可变荷载组成的荷载标准值，可采用动力荷载系数进行放大。

在特定楼层的支承柱完全失效的情况下，其余结构必须提供一个替代的荷载传力路径。分析的第一步是检查剩余结构中哪些部分可以参与偶然作用的传递。正如之前第 4.4.2 节所解释的那样，可以使用下列机制：

——沿着支承梁设置的拉结钢筋形成的悬链作用；

——在楼板和后浇叠合层中设置的拉结钢筋形成的隔膜作用；

——由墙板、边梁、楼面梁等形成的悬臂作用；

— 受损构件正上方的墙和柱形成的竖向悬吊作用。

但是问题在于上述所提出的各种机制是否需要同时采用。如果仅采用其中一种机制是否能足以抵御大部分的偶然作用。如之前第4.4.2.1节和图27所述，由于偶然作用被移除的柱上方的框架结构部分将会发生变形，变形或多或少会类似于楼层的楼板遭到破坏时的情况。因此，每个楼层将不得不抵御转移到自身的额外荷载。此外，由于楼板构件与支承梁之间预期的较大变形，所以在附加的额外荷载的传递中，楼板拉结钢筋参与工作的效果将会是有问题的。因此，最合理的设计假设是，主要的荷载传递将由沿着支承梁的拉结钢筋形成的悬链作用来保证，且应假定梁的支座已被瞬间移除（图37）。

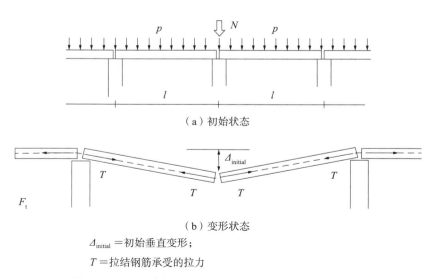

（a）初始状态

（b）变形状态

$\Delta_{initial}$＝初始垂直变形；

T＝拉结钢筋承受的拉力

图37 悬链系统中用于拉结钢筋的受力计算的竖向挠度

随着变形的增加，一个新的平衡状态将随之发展，此时变形Δ_{init}（图37b）达到一个临界值Δ_{crit}。如果变形超过Δ_{crit}，则拉结钢筋或者断裂，或者从相邻跨滑脱。

注意：Δ_{crit}是与拉结钢筋的应变有关的，此应变又是钢筋的类型和连接构造类型的函数，这只能通过测试获得。试验结果表明，在失效之前，$\Delta_{crit} \approx 0.21$。

同时，图 39 可以作为一个示例，说明了在被移除的柱的上方，对应于 Δ_{crit} 和集中荷载 N，如何估算拉结件所受的力值 T（N 表示了在柱被移除部位的上部，从单层楼层传来的支座反力），对图 38 中所示案例的静力计算如下：

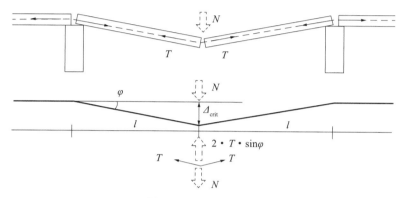

图 38　悬链受力分析

变形 Δ_{crit} 的值取决于连接节点的变形能力。

力的平衡条件是

$$2 \cdot T \cdot \sin\varphi = N$$

$$T = \frac{N}{2 \cdot \sin\varphi} = \frac{N}{2} \cdot \frac{\sqrt{l^2 + \Delta_{\text{cr}}^2}}{\Delta_{\text{cr}}} = \frac{N}{2} \sqrt{\left(\frac{l}{\Delta_{\text{cr}}}\right)^2 + 1} \qquad （4\text{-}3）$$

当沿着梁的荷载是均匀分布的情况下，上述方程变为

$$T = \frac{p \cdot l}{2} \sqrt{\left(\frac{l}{\Delta_{\text{cr}}}\right)^2 + 1} \qquad （4\text{-}4）$$

4.4.5.2　非线性静力分析

1）行为模式

考虑两个简支预制梁，它们的跨度相同，简支在三个柱上（见图 39）。如果中间柱突然被移除，由于沿着两根梁上的拉结钢筋，形成了一种替代的悬链抗力机制，如图 39 中的（A）和（B）所示。

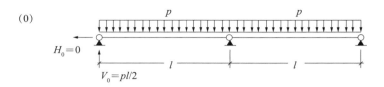

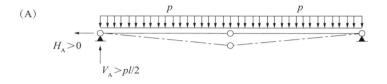

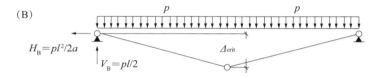

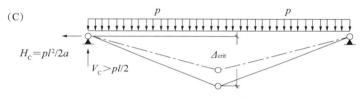

图 39　在三个柱上的两段预制简支梁

（A）去除中间支座，形成一种替代的悬链抗力机制，中间点开始向下移动；（B）静态平衡情况；
（C）在竖向位移超过平衡点后，当变形能与初始势能平衡时，速度减至零

在移除支座之后（图 39A），系统处于不平衡状态，它开始向下运动，并作出相应的反应。在端部支座处，竖向力（V）和水平力（H）将迅速增加（图 40）。运动也将加速，直至达到静态平衡的点（图 39B）。在这之后，由于竖向反力将大于施加的荷载，竖向运动的速度将减小。

如果系统表现出弹性行为，可以忽略阻尼。结构的反应是，相对于静态平衡点（图 40 的 B′ 点），在拉结件中的力和竖向位移将增加至 2 倍，同时体系将在静力平衡点 B 处波动。

如果拉结钢筋中的力小于平衡值的两倍时，拉结钢筋产生了屈服，位移将随着 C 点的非线性发展而增加（图 39C 和图 40）。此时，在这一点的运动速度为零，系统开始向上运动，并加速而到达 D 点。位移在 E 点和 C 点之间波动，直到在 D 点达到一个新的静态平衡位置。

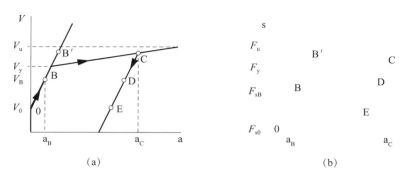

图 40　端支座的垂直反力随着垂直位移的演变

结论如下：

i. 如果在平衡点（图 40 中的 B 点），拉结钢筋中的力值小于拉结钢筋的屈服力值的一半，系统具有弹性行为，并且不会产生倒塌；

ii. 拉结钢筋在 C 点的力不得超过其抗力（$F_{sC} \leqslant F_u$），否则体系失效。

为了确保拉结钢筋的弹性行为，所需的钢筋数量通常过高。因此，以下示例中不考虑该解决方案。

2）非线性分析模型

考虑到系统在 C 点（图 40），而内部支承区域有一个竖向位移"a"，因此，在这一点上，每根梁都会有一个伸长率为

$$\Delta l = \sqrt{l^2 + a^2} - l$$

而拉结钢筋的应变是

$$\varepsilon_s = \frac{\Delta l}{l} \leqslant \varepsilon_{uk}$$

竖向位移 a 可能被最大安全值限制为

$$a \leqslant a_{\lim}$$

考虑钢筋应变大于屈服应变（非弹性行为）

$$\varepsilon_s > \varepsilon_{yk}$$

① 采用钢筋的塑性应力－应变曲线

根据钢筋的塑性应力应变图（图 41），梁的变形能为

$$W_{\text{int}} = \Delta l F_{\text{s}}$$

式中，$\quad\quad F_{\text{s}} = A_{\text{s}} f_{\text{yk}}$

$$\Delta l = \varepsilon_{\text{s}} \cdot \Delta l$$

且外功：$W_{\text{ext}} = pla/2$

其中，$\quad a = \sqrt{\left[(\Delta l + l)^2 - l^2 \right]}$

并根据能量平衡，可以得到：$F_{\text{s}} = pla/(2\Delta l)$

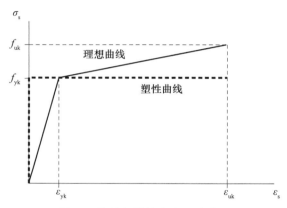

图 41　拉结钢筋的应力－应变图

② 采用理想化的钢筋应力－应变曲线

如果采用图 41 所示的具有弹性和应变硬化阶段的钢筋理想应力－应变曲线，则可以得到更详细的、用于内部能量耗散的表达式：

$$W_{\text{int}} = W_{\text{E}} + W_{\text{P}}$$

$$W_{\text{E}} = 0.5 \Delta l_{\text{y}} F_{\text{s}}$$

式中，$\quad \Delta l_{\text{y}} = \varepsilon_{\text{yk}} l$

$$W_{\text{P}} = 0.5 (\Delta l - \Delta l_{\text{y}})(k + 1) F_{\text{s}}$$

其中，$k = f_{\text{uk}}/f_{\text{yk}}$

$$W_{\text{int}} = 0.5 \Delta l_{\text{y}} F_{\text{s}} + 0.5 (\Delta l - \Delta l_{\text{y}})(k + 1) F_{\text{s}}$$

$$W_{\text{int}} = 0.5 \left[\Delta l (k + 1) - k \Delta l_{\text{y}} \right] F_{\text{s}}$$

其中，$\quad F_{\text{s}} = pla/\left[\Delta l (k + 1) - k \Delta l_{\text{y}} \right]$

在如前所述的方程中，拉结钢筋中的拉力被认为等于梁中的轴力，而梁中的轴力又被认为沿着梁长是一个恒定值。这种假设是近似的，因为钢筋和混凝土之间的粘接作用，导致拉结钢筋中的拉力可能是变化的；同时，在梁斜轴方向上施加的力有分量，因此在沿梁跨度方向的轴力存在一些变化。对于静力平衡，F_s 的值由以下表达式给出：

在端部的支承

$$F_{s1} = pl \frac{\left(a + \dfrac{l^2}{2a}\right)}{\sqrt{(l^2 + a^2)}}$$

在跨中的支承

$$F_{s2} = pl \frac{\dfrac{l^2}{2a}}{\sqrt{(l^2 + a^2)}}$$

简支在三根柱上的两根等跨简支预制梁的计算实例（见图 39）见附录 A1。

4.4.5.3　非线性动力分析

荷载的动力特性完全是基于能量守恒。此时，结构体系可有效地被简化为单一自由度，其抗力曲线可以通过在柱被移除的位置不断增加荷载而得到。曲线下的面积表示结构中的应变能。在系统达到平衡状态的时刻，这一内部能量将等于外部功，此外部功被定义为施加的恒定荷载（柱的反作用力）与由此产生位移的乘积。如果系统没有足够的延性来耗散所需的能量，那么内部功和外部功就不会处于平衡状态，倒塌必然会随之发生。

4.5　特殊的荷载抗力法（关键构件）

如第 3.5.2 节所述，特殊荷载抗力方法适用于关键构件，是指假设这些结构构件被移除后，所导致的破坏程度令人无法接受。对关键构件的稳定性提供了至关重要的侧向约束的其他结构构件，也应该被设计成一个关键构件。

关键构件应能承担构件在水平方向和垂直方向（每次一个方向）被施加的偶然作用极限设计值 A_d，且需要考虑与具有此极限强度的构件相关的所有构件及其连接节点。这种偶然作用设计值应根据表达式（4-1）计算，它可能是集中荷载，也可能是均布荷载。根据 EN 1991-1-7[4]，对建筑结构而言，建议的 A_d 值为 34kN/m²。但许多标准并没有给出偶然作用值，而是将其交给设计师考虑。

加强关键构件的困难在于必须考虑具体的威胁。这个 34kN/m² 的建议值适用于居住建筑的煤气爆炸。处理关键构件设计的一个更好的策略是修改建筑物的结构布置，以此方式消除关键构件。根据这个理念，图 42 给出了一个典型的横墙承重建筑的示例。楼板平面宽度约为 14m，横墙之间的距离为 11m，墙板高度为 3m。

图 42 中的可选方案（a）展示了楼板和墙板平面布置的传统解决方案。对于连续倒塌的结构分析，最危险的极限情况是假设移除边缘横墙。根据第 4.4.1.2 节，从理论上来说，设想的被移除的墙板的长度应该等于房间的尺寸，或是墙板构件的长度。因为两块外墙板的长度是 7m，一块完整的墙板应该假设被移除。在现有的情况下，当空心楼板的支承墙构件被移除时，不可能有替代的荷载传力路径。因为外立面墙只有围护功能，沿着周边设置的支承楼板的拉结梁不能按照要求恰当地被锚固。

有两种方案可供选择：或者是把横墙设计为一个关键构件，或者采用另外一种方案来进行结构布置，即是将沿着支承楼板的拉结梁设计成可以起到悬链的作用。在第二个方案中，可以采用在建筑角部位置增加结构柱或小的横向加劲墙的方案，如图 42 可选方案（b）所示。增设角柱的作用是支承并锚固沿楼板支座方向的横向拉结梁中的悬链力。通过设置发夹形钢筋，楼板构件应该正确地与横向拉结钢筋锚固在一起，使其能转移楼板的偶然作用。

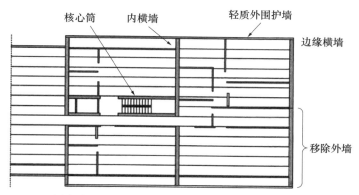

可选方案（a）在边缘部位设置了关键构件的横墙系统[25]

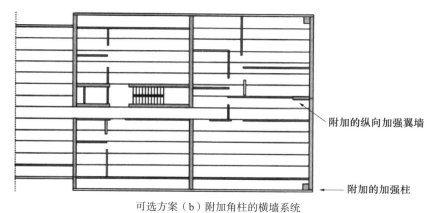

可选方案（b）附加角柱的横墙系统

图 42 防止横墙承重建筑结构受冲击荷载影响的可选方案[25]

第 5 章

构 造 设 计

5.1 拉结钢筋

5.1.1 关于拉结钢筋的延性

拉结钢筋可采用高强带肋钢筋，或预应力螺旋肋钢绞线。这两种类型的钢筋都可以接受。尽管如此，对比预应力螺旋肋钢绞线较高的强度但延性较低的情况，应更加鼓励采用虽然抗拉强度较低（400~600MPa）但延性较高的高强带肋钢筋。然而，在拉结系统中，钢绞线很容易放置和排布，也有较长的长度。钢绞线在放置时不应有应力，但应被拉紧。一种克服低延性的可行的做法，是使用无粘结预应力钢绞线。另一种可行的方法是在支座处，在一定长度范围内设置钢绞线的无粘结段，例如将塑料套管套在钢绞线上。

5.1.2 拉结钢筋的连接

在偶然作用的情况下，应谨慎设计钢筋或钢绞线的锚固和连接，这与所采用的拉结钢筋的等级无关。拉结件只有通过螺栓、焊接或连接器连接，才被认为是连续的。对于搭接连接，只有当钢筋通过连杆或环状钢筋进行充分约束时，搭接连接才能被认为是可以接受的。在国家规范中给出了带肋钢筋和螺旋肋钢绞线的搭接长度。对于带肋钢筋，通常取 40 倍的直径；对于直径为 9.3~12.5mm 的螺旋肋钢绞线，正常的搭接长度为 600~800mm。建议在偶然作用的情况下，将搭接长度增加 100%。为避免钢筋过于集中，搭接位置应交错布置。在任何情况下，搭接都不应设置于节点中，也不应设置在偶然作用下可能会发生破坏的位置。建议采用机械连接器连接。

5.2 连接节点

5.2.1 柱与基础以及柱与柱的连接节点

在设计中，应考虑偶然作用和防止连续倒塌的问题，建议采用传统的柱与柱以及柱与基础连接节点，即采用将外伸钢筋插入灌浆的波纹管套筒中或采用螺栓连接。外伸钢筋的锚固长度应至少是钢筋直径的 40 倍（图 43）。在参考文献 [13] 的报告中，给出了有关金属柱靴连接节点的试验报告。

5.2.2 梁与楼板的连接节点

当楼面梁有可能产生较大位移时，或在偶然作用下部分楼板可能遭到破坏时，在楼板支承处的连接节点应能防止整个楼板或楼板的破碎部分落在下层结构上。

用以将楼板与其支承结构连接在一起的纵向拉结件，最好采用发夹形拉结件，并应将其放置在楼板高度的中间部位，以实现最大的效率和变形能力，如图 44 和图 45 所示。

在支承楼板的楼面梁方向的横向拉结钢筋应按照要求锚固在梁上，以保证梁形成悬链效应。

图 46a 给出了梁下柱被意外移除时，结构失去正常功能的示例。

当拉结钢筋在悬链作用下被拉伸时，如果在垂直方向没有很好地被锚固，拉结钢筋将从节点处被拉脱。图 46b 中提出的解决方案将克服这些弱点，因为横向拉结钢筋已经按照要求被垂直地锚固在楼面梁中，而楼板中的垂直拉结钢筋已经锚固在灌浆套筒中。当楼板间接缝张开时，楼板构件之间节点中的纵向拉结钢筋可能会被拉出，也不能抵抗动力荷载。

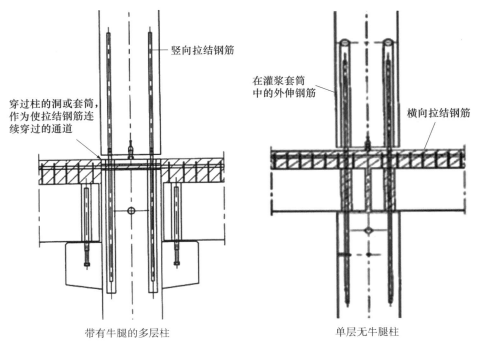

带有牛腿的多层柱

单层无牛腿柱

外伸钢筋锚固在波纹管灌浆套筒内的示例

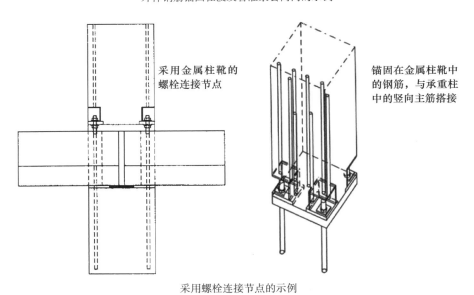

采用螺栓连接节点的示例

图 43　在发生偶然作用的情况下，具有良好性能的柱与柱的连接节点示例

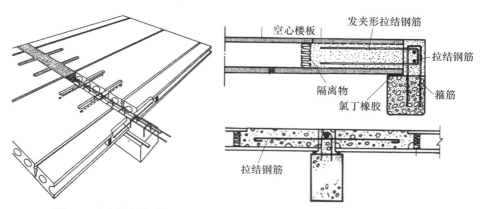

图 44 空心楼板与支承梁通过锚固在灌浆的空心中的拉结钢筋进行连接

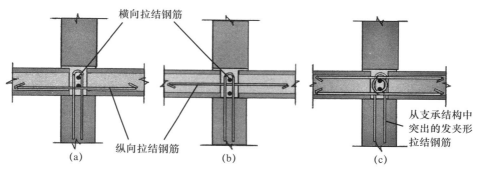

图 45 空心楼板与其支承的连接节点示例,用于避免受损的空心楼板从它的支承部位脱落

(a)由于爆炸产生向上举起的荷载时,布置在空腔底部的拉结钢筋可能受到破坏;(b)拉结钢筋布置在楼板高度的中部是一种改进措施;(c)采用发夹形拉结钢筋的连接节点效果最佳,因其不会由于向上或向下的变形而受拉[25]

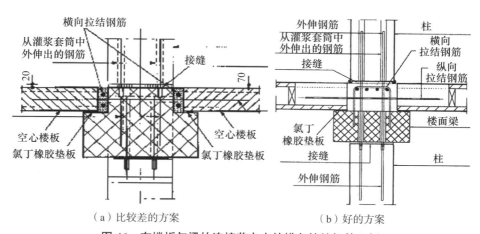

图 46 在楼板与梁的连接节点中的横向拉结钢筋示例

根据第 4.4.2.1 节的讨论，图 30 中，在楼面梁端部区域的箍筋，应被设计成能承受在楼面梁上方的拉结钢筋传递过来的、由于悬链作用引起的竖向动力荷载（图 47）。

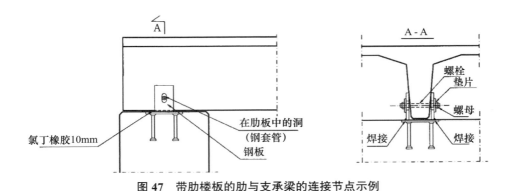

图 47　带肋楼板的肋与支承梁的连接节点示例

5.2.3　墙与墙以及墙与楼板的连接节点

下文给出的例子常用于墙板结构。在遭遇偶然作用并且突然移除下层墙板的情况下，图 48 中给出的解决方案并不十分理想：

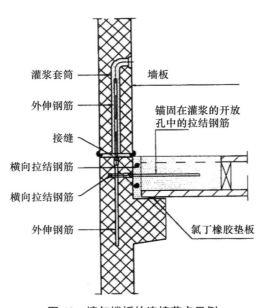

图 48　墙与楼板的连接节点示例

—— 在图 48 中，横向拉结梁太小，使之不十分有效。

—— 墙板和楼板之间的接缝中的横向拉结钢筋在竖向或水平方向上的锚固均不足。在承重墙板结构中，在被移除墙板上方的墙板中产生的桥接效应可用于提供替代的荷载传力路径（图 50）。为使其更加有效，拉结钢筋应该能够承受来自上方起桥接作用的墙板因扭转产生的拉力。图 49 中给出的解决方案是首选。

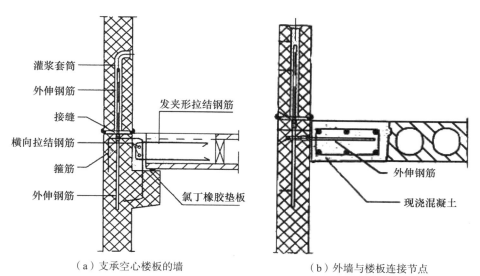

（a）支承空心楼板的墙　　　　　　　（b）外墙与楼板连接节点

图 49　墙与楼板连接节点中适宜的拉结梁细部构造示例。如果下层墙板被破坏，断裂将保持在墙牛腿以下，这样楼面荷载就可以通过悬吊的方式转移到上层墙板

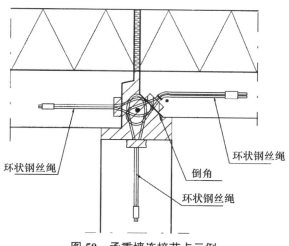

图 50　承重墙连接节点示例

5.2.4   叠合楼板后浇叠合层

预制楼板与后浇叠合层以及与支承结构之间的连接节点对于防止连续倒塌是至关重要的。设计中应考虑以下几个方面。

当叠合楼板设置了配有钢筋的结构后浇叠合层时，同时钢筋网采用机械连接的方式与预制楼板相连接时，才能为悬链作用提供贡献。图 51 示意了一个可行的解决方案，是将箍筋锚固在预制楼板的纵向板缝中，但前提是接缝要保持不受损坏。但是当支承梁产生大位移后此种假定并不确定。另一种可供选择的方法是利用现浇混凝土将竖向箍筋埋设在空心楼板的后浇孔内。

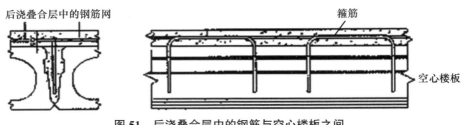

图 51   后浇叠合层中的钢筋与空心楼板之间，
将垂直箍筋锚固在纵向接缝中的连接节点

5.2.5   楼梯

对于在火灾和／或其他意外事故情况下人员的疏散，楼梯是至关重要的。要求楼梯间的设计能保持其完整性，且应对其连接节点进行详细的构造设计，使其在偶然作用发生的情况下，能够保持稳定的功能。因此，楼梯梯段板应被支承并锚固在楼梯平台（或其他支承结构）上，其连续荷载等于梯段板的自重。依次，楼梯平台则应被支承并锚固在结构上，其连续荷载等于梯段板自重＋平台自重。在计算拉结钢筋、锚环或其他类型的锚固件时，例如焊接板、在插口中的螺栓或螺纹连接器等，可不使用分项安全系数。图 52a 显示采用角钢支承的预制楼梯梯段板，图 52b 显示现场螺栓锚固的解

决方案。图 53 示意了采用混凝土楼梯与楼梯间休息平台之间的嵌接接缝，
接缝中拉结钢筋被放置在梯段板与平台的外伸环中。

　　另一种可选的方案是，梯段板和平台板可以集成在一个构件单元中，只
需在支承结构上设置拉结件即可（图 54）。与承重墙的连接节点则应根据本
书之前章节中所提出的原则进行设计。

（a）　　　　　　　　　　　　　（b）

**图 52　（a）采用角钢支承的预制楼梯梯段板，它将在现场与平台板中的预埋件焊接在一起；
（b）支承角钢采用螺栓锚固在平台板上，此后，利用装修层遮蔽连接节点**

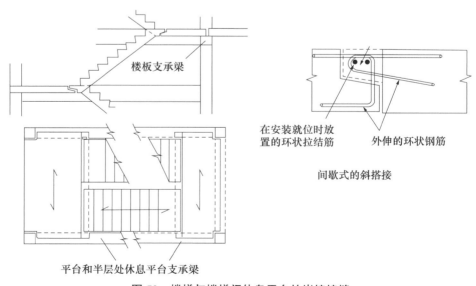

图 53　楼梯与楼梯间休息平台的嵌接接缝

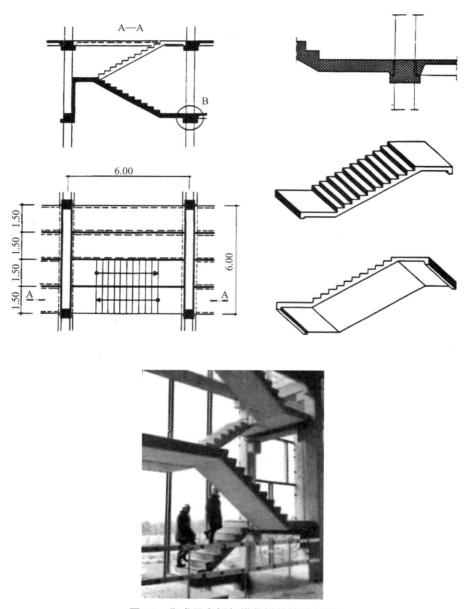

图 54　集成平台板与梯段板的楼梯示例

附　录

计 算 案 例

本附录中给出了一个典型计算案例，是为了说明如何处理类似的设计问题。案例涉及的是，预制混凝土梁简支在位于外立面的中柱上，在移除该柱后，替代的荷载传力路径的分析方法。

1. 案例的描述

案例为高层建筑，框架结构体系，现浇核心筒承受侧向力。结构体系由预制柱、预制楼面梁和空心楼板组成。外立面为非承重玻璃幕墙系统（图 55，图 56）。

结构柱网：$l_x = l_y = 7.200\text{m}$

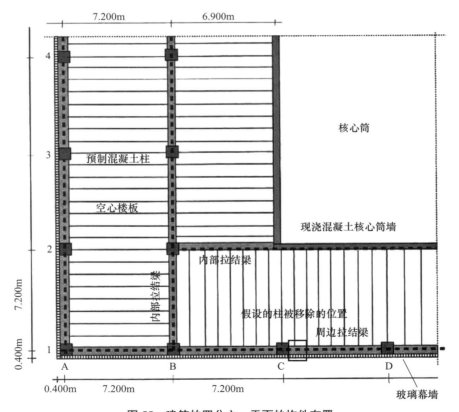

图 55　建筑的四分之一平面的构件布置

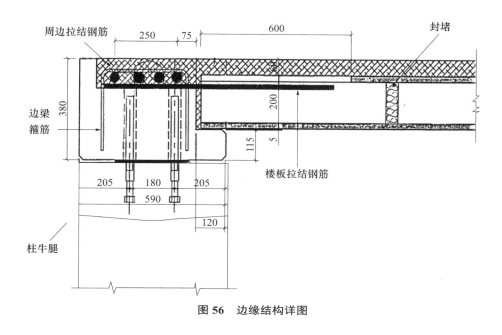

图 56　边缘结构详图

2. 楼面梁承担的荷载标准值

<table>
<tr><td>包含装修层的空心楼板自重</td><td>$5\text{kN/m}^2 \cdot \dfrac{l_y}{2} = 18\text{kN/m}$</td></tr>
<tr><td>可变荷载</td><td>$4\text{kN/m}^2 \cdot \dfrac{l_y}{2} = 14.4\text{kN/m}$</td></tr>
<tr><td>楼面梁自重</td><td>7.5kN/m</td></tr>
<tr><td>外立面墙自重</td><td>1.5kN/m</td></tr>
</table>

3. 非线性分析

1）假设移除边柱 C1

当一根梁的支承被突然拆除，结构的反应会趋向于形成一个替代的抗力系统，或是一个替代的荷载传力路径，依此与所施加的荷载形成一个新的平衡。结构历经了动力行为，直至平衡重新建立。此时，结构体系初始状态的势能（W_{ext}）会与变形能（W_{int}）相平衡。

$$W_{ext} = W_{int}$$

在梁在其支承上是连续的情况下（图57a），当中间支承被移除时，在邻近的剩余支承处的剪力和弯矩将显著增加（如果两个相邻的跨度相等，则剪力将加倍，而弯矩将增大4倍）。被移除支承区域的附近，原先为负弯矩，移除支承后变为正弯矩。虽然用于连续倒塌分析的设计荷载大约为极限状态分析采用的设计荷载的一半，但预计，在支承被移除的区域仍会发生弯曲破坏：在支承被移除的区域产生正弯矩破坏，而在相邻的区域产生负弯矩破坏。这些弯曲破坏相当于大的转动，会导致混凝土被压碎。梁将不能再抵抗弯曲荷载。而后，替代的抗力机制开始发挥作用，此抗力机制是基于拉结钢筋的悬链作用，因此拉结钢筋也应按照此目标进行设计（图57b）。

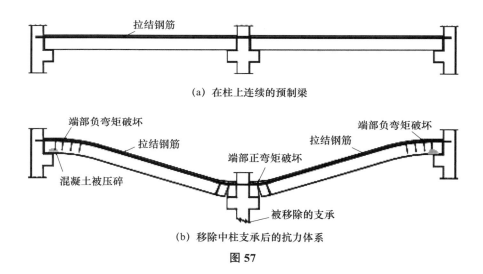

（a）在柱上连续的预制梁

（b）移除中柱支承后的抗力体系

图 57

为实现悬链作用，拉结钢筋必须被牢固地锚固在端部支承处。支承移除后，设计用于抗弯的纵向钢筋屈服而消耗了能量。然而，此类能量消耗通常较小，且不足以平衡由于失去支承产生的势能。因此，必须利用拉结钢筋的塑性变形形成悬链作用，并通过悬链机制耗散能量，这是非常必要的。

如果忽略由于弯曲产生的能量耗散，则可以考虑采用简支支承体系来分析系统的工作机制，而不用考虑在支承上的梁的连续性。

2）计算例题

高层框架结构体系，侧向受力由现浇核心筒承受。结构体系由预制柱、预制楼面梁和空心楼板组成，其中：$l = 7.2\text{m}$，永久荷载 $g_k = 27.0\text{kN/m}$；可变荷载 $q_k = 14.4\text{kN/m}$；$\psi_2 = 0.3$（办公建筑）；$f_{yk} = 500\text{N/mm}^2$；$E_s = 200000\text{N/mm}^2$。

设计荷载组合：

$$p_d = g_k + \psi_2 q_k = 27.0 + 0.3 \times 14.4 = 31.3\text{kN/m}$$

（1）对竖向变形 a 无限制的例题

拉结钢筋的钢筋延性等级为 C500：

$k = f_{uk}/f_{yk} = 1.15$，同时 $\varepsilon_{uk} = 75 \times 10^{-3}$

其中，$\varepsilon_s = \varepsilon_{uk}$

$$\Delta l = \varepsilon_{uk} \cdot l = 75 \times 10^{-3} \times 7.200 = 0.54\text{m}$$

同时，$a = \sqrt{[(\Delta l + l)^2 - l^2]} = \sqrt{[(0.54 + 7.2)^2 - 7.2^2]} = 2.84\text{m}$

① 使用钢筋塑性应变图

$$F_s = P_d \cdot l \cdot a/(2\Delta l) = 31.3 \times 7.200 \times 2.84/(2 \times 0.54) = 592.6\text{kN}$$

$$A_s = F_s/f_{yk} = 592.6 \times 10^3/500 = 1185\text{mm}^2$$

采用 4 根 $\phi 20$ 的钢筋 ↔ $A_s = 1257\text{mm}^2$

② 使用钢筋理想应力应变图

$$\Delta l_y = l \cdot f_y/E_s = 7.200 \times 500/200000 = 0.018\text{m}$$

$$F_s = P_d \cdot l \cdot a/[\Delta l (k+1) - k \cdot \Delta l_y]$$

$$= 31.3 \times 7.200 \times 2.84/[0.54 \times (1.15 + 1) - 1.15 \times 0.018]$$

$$= 561.3\text{kN}$$

$$A_s = F_s/f_y = 561.3 \times 10^3/500 = 1123\text{mm}^2$$

采用 4 根 $\phi 20$ 的钢筋 ↔ $A_s = 1257\text{mm}^2$

（2）有竖向位移限制的非线性分析

考虑竖向位移限值 $a_{lim} = 2.0m$，梁延伸率为

$$\Delta l = \sqrt{(a^2 + l^2)} - l = \sqrt{(2.0^2 + 7.200^2)} - 7.200m = 0.27m$$

$$\therefore \varepsilon_s = \Delta l/l = 0.27/7.200 = 37.5 \times 10^{-3}$$

$$\varepsilon_s > \varepsilon_{yk} = f_{yk}/E_s = 2.5 \times 10^{-3}, \text{ 同时 } \varepsilon_s < \varepsilon_{uk} = 75 \times 10^{-3}$$

① 使用钢筋塑性应变图

$$F_s = p_d \cdot l \cdot a/(2\Delta l) = 31.3 \times 7.200 \times 2.0/(2 \times 0.27) = 834.7kN$$

$$A_s = F_s/f_{yk} = 834.7 \times 10^3/500 = 1669mm^2$$

采用 6 根 $\phi20$ 的钢筋 $\longleftrightarrow A_s = 1885mm^2$

② 使用钢筋理想应力应变图

其中，$\Delta l_y = 0.018m$

$$F_s = P_d \cdot l \cdot a/[\Delta l \cdot (k+1) - k \cdot \Delta l_y]$$

$$= 31.3 \times 7.200 \times 2.0/[0.27 \times (1.15 + 1) - 1.15 \times 0.018] = 805.1kN$$

$$A_s = F_s/f_{yk} = 805.1 \times 10^3/500 = 1610mm^2$$

采用 6 根 $\phi20$ 的钢筋 $\longleftrightarrow A_s = 1885mm^2$

3）结论

必须强调的是，为了形成悬链作用，拉结钢筋必须牢固地锚固在支承结构的端部，这是非常重要的。

如果在 C 点处拉结钢筋受到的力没有超过其抗拉承载能力，则结构不会倒塌。

拉结钢筋的设计可以采用塑性分析方法。为适应沿梁方向拉结钢筋中力的变化，而且采用塑性分析得到的相对保守的结果，必须采用延性等级为 C 的钢筋。

或者，无论有无弯曲对于变形能的贡献，非线性分析都可以用来获取改进的方法。

4）静力分析

见公式（4-4）$T = \dfrac{p \cdot l}{2} \sqrt{\left(\dfrac{l}{\Delta_{cr}}\right)^2 + 1}$

5）上述计算方法的比较

表 6 给出了根据线性静力分析和非线性静力分析的计算结果的总结。所取的系数 $\psi_2 = 0.3$ 是采用了可变荷载的准永久值系数。

静力线性分析和静力非线性分析计算结果的总结　　　　表 6

方法	竖向变形 "a"（m）	放大系数 ω	拉结钢筋面积（mm²）
静力线性	2.00	2.0	1623
	2.84	2.0	1143
静力非线性	2.00	—	1610
	2.84	—	1123

采用放大系数 $\omega = 2.0$ 后，比较非线性静力计算和线性静力计算的结果，可以看出两种方法的计算结果相似。

参 考 文 献

建筑规范

[1] The Building Regulations 2000, Structure: Approved Document A. Office of the Deputy Prime Minister, 2004 (Available from HMSO publication centres or bookshops, PO Box 276, London SW 8 5D, tel. 0171 873 9090.)

[2] British Standards Institution (1985), *The Sturctural Use of Concrete*. BSI, London, BS8110.

[3] Europe EN 1990: *Basis of Design*.

[4] Eurocode EN 1991-1-7: *Action on structures, General actions–Accidental actions due to impact and explosions*.

[5] Eurocode EN 1992-1-1: *Design of concrete structures – Part 1: General rules and rules for buildings*.

[6] National Institute of Standards and Technology NIST, *Best Practices for reducing the Potential for Progressive Collapse in Buildings*, NISTIR 7396. US Department of Commerce, February 2007.

其他参考文献

[7] American Society of Civil Engineers (ASCE), *Minimum Design Loads for Buildings and Other Structures*. SEI/ASCE7-05, Reston, Va.

[8] Astaneh-ASL, *Progressive collapse preverntion in new and existing buildings*. Emerging Technologies in Structural Engineering, Proceedings of the 9th Arab Structural Engineering Conference, 2003, Abu Dhabi, UAE.

[9] Abruzzo John, Alain Matta, Gary Panariello, *Study of Mitigation Strategies for Progressive Collapse of a Reinforced Concrete Commercial Buliding*. 384 Journal of Performance of Constructed Facilities, ASCE, November 2006.

[10] Cholewicki, Szulc, Nagórski, *Influence of tying reinforment in connections on behaviour of skeletal precast structure in accidental action*. Unpublished contribution for *fib* report on Accidental Actions, authors Cholewicki A., Szulc J., Nagórski T. Warsaw ITB, 2011.

[11] Cholewicki, Szulc, Nagórski, *Design of alternative bearing system of precast framed structure with hollow core floors*. Building Research Institute Warsaw, January 2011.

［ 12 ］ Elliott, K. S., *Multi-storey precast concrete framed structures: a practical guide* (chapter 9). Blackwell Science Ltd, 1996. ISBN 0-632-03415-7.

［ 13 ］ Engström, B., *Alternative load-bearing by cantilever action: Experimental study of the dynamic behavior at sudden support removals.* Chalmers University of Technology, Division of Concrete Structures, Report 87: 1, Goteborg 1987.

［ 14 ］ Engström, B., *Design Against Progressive Collapse.* Nordic Concrete Research, Vol 7, 1988.

［ 15 ］ Engström, B., *Ductility of tie connections in precast structures.* Chalmers University of Technology, Division of Concrete Structures, Publication 92:1, Goteborg, 1992, pp. 452.

［ 16 ］ *fib* Bulletin 43, *Structural connections for precast concrete buildings*, fédération international du béton (*fib*), Lausanne, 2008.

［ 17 ］ Gross, J., *Progressive Collapse Resistant Design*, Journal of Structural Engineering, Vol. 109, No.1, January 1983.

［ 18 ］ Hinman, E. P., *Blast safety of the building envelope*, WBDG Website, 2007 (www.wbdg.org/resources/env_blast.php) .

［ 19 ］ Izzuddin B. A. et al., *Assessment of progressive collapse in multi-storey buildings.* Proceedings of the Institution of Civil Engineers, Structures & Buildings 160, August 2007, issue 584.

［ 20 ］ Paull, J., *Accidental damage to precast concrete – Catenary action in precast composite beam structures.* University of Nottingham, 2005.

［ 21 ］ US Department of the Army Technical Manual, *Design of structures to resist the effects of accidental explosions.* TM5-1300, 1990.

［ 22 ］ Stufib, *Constructieve samenhang van bouwconstructies* (*Robustness of building structures*), September 2006.

［ 23 ］ United facilities criteria UFC 4-023-0, *Design of buildings to resist progressive collapse*, January 2005.

［ 24 ］ U.S. General Serviecs Administration (2000/2003), *Progressive collapse analysis and design guidelines for new federal office buildings and major modernization projects.* Washington, D.C.

［ 25 ］ Van Acker, A., *Design of precast concrete structures with regard to accidental loading.* Course on the design of precast concrete structures, ICCX Master Course Sydney, March 2009.

［ 26 ］ Vantomme John, *Experimental measurement campaign on blast effects.* Royal Military Academy, Belgium, 2008.

［ 27 ］ WBDG (Whole Building Design Guide). *Blast Safety of the Building Envelope.* National Institute of Building Sciences, USA, 2006.

［ 28 ］ HMSO, *Report of the Inquiry into the Collapse of Flats at Ronan Point.* Canning Town, London, 1968.

［ 29 ］ Astbury, N. F. et al., *Gas Explosions in Loadbearing Brick Structures*, British Ceramic Research Association, Report No. 68, 1970.

译　后　记

目前，我国装配式建筑已经步入快速发展的轨道，相关基础理论不断完善，各项建造技术不断进步。其中，装配式混凝土结构在偶然作用下抗连续性倒塌的问题也越来越多地受到业内从业人员的关注。

连续性倒塌是由于结构在遭受爆炸等偶然作用下产生局部损坏，可能导致的更大范围的结构破坏，从而造成严重的人员伤亡和经济损失。我国现行全文强制国家标准《工程结构通用规范》GB 55001 第 2.1.3 条中明确指出："当发生可能遭遇的爆炸、撞击、罕遇地震等偶然事件及人为失误时，结构应保持整体稳固性，不应出现与起因不相称的破坏后果"。装配式混凝土结构，尤其是其关键构件，在遭受偶然作用后，如何防止引发连续性倒塌，从而有效地减少建筑物更大范围的破坏、降低生命财产的损失，已经成为工程技术人员必须解决的问题。

本书是在总结欧洲多年来装配式混凝土结构在偶然作用下发生连续倒塌事故经验教训的基础上，提炼了装配式混凝土结构抗连续性倒塌的设计方法。由于我国目前对于装配式混凝土结构抗连续性倒塌的理论研究和相关试验还较少，因此，在我国现行规范中，有关如何防止装配式混凝土结构连续性倒塌的相关规定还有待进一步完善补充。

我国政府历来重视建筑的安全问题。党的二十大报告中又一次明确提出，高质量发展是全面建设社会主义现代化国家的首要任务。遵循这一指示，本书中译本旨在引入国外已有研究成果，供我国相关研究人员参考，以尽快填补我国在此领域的研究空缺，尽快完善我国的理论体系及相关技术措施，加快步伐实现装配式混凝土建筑建造技术的快速、高质量发展。

翻译及审校人简介

李晓明，中国建筑标准设计研究院有限公司教授级高级工程师，国家一级注册工程师，工学硕士。全国建筑构配件及住房和城乡建设部建筑制品与构配件标准化技术委员会委员，中国工程建设标准化协会资深会员，中国建筑学会建筑产业现代化发展委员会委员。长期从事建筑工业化和外围护体系节能技术等方面的科学研究和标准编制工作。作为主编、参编人员参加了多项有关装配式建筑及建筑节能领域的国家、行业及国际标准的编制工作，为美国 PCI 手册中文翻译版本的主要审核人员之一。

高晓明，中国建筑标准设计研究院有限公司科技标准部副主任，高级工程师，工学硕士。长期从事科研、设计及标准化工作，具有丰富的理论研究和实践经验。主持或参加多项国家级、部委级科研课题，包括"十三五"国家重点研发计划项目"工业化建筑部品与构配件制造关键技术及示范"等。

刘若南，中建科技高级工程师，工学博士，中建科技智能建造研究中心技术总监。中国建筑学会 BIM 分会常务理事，建筑工业化产业技术创新战略技术联盟委员。拥有多年装配式混凝土建筑预制构件设计、研发、技术质量和生产管理经验。目前主要从事装配式建筑全产业链新型建造模式研究、基于 BIM 的预制装配式建筑体系一体链管理系统研究、PC 建筑深化关键技术研究、装配式混凝土建筑预制构件生产技术质量管理技术研究。主持和参加多项标准，发表多篇科研论文，获得多项发明专利、实用新型专利、著作权等，荣获首都职工创新三等奖 1 项、第十一届北京市发明创新大赛铜奖 1 项。

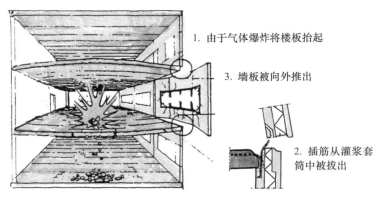

1. 由于气体爆炸将楼板抬起

3. 墙板被向外推出

2. 插筋从灌浆套筒中被拔出

图2　由于气体爆炸，承重外墙板被推出后引发连续倒塌的情况

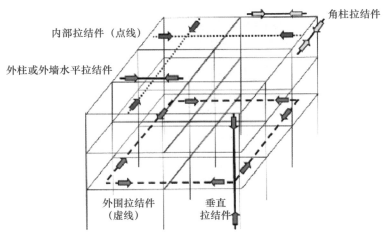

角柱拉结件

内部拉结件（点线）

外柱或外墙水平拉结件

外围拉结件（虚线）

垂直拉结件

（a）装配式结构中各种类型的拉结件[23]

（b）用于内部和外围拉结用的螺旋形钢绞线拉结件，
以及用于连接空心楼板中开放的空心中的 L 形拉结件

图8　装配式结构中的拉结件

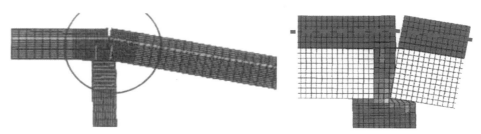

图 28 在剩余的支承构件处的悬臂梁作用

图 29 沿梁的对角线的压杆作用

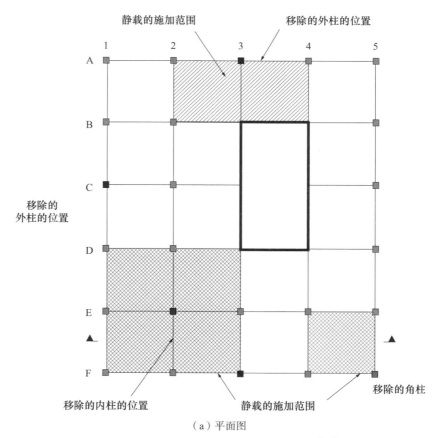

（a）平面图

图 35 在设计中被移除的外柱和内柱位置示例[25]（一）

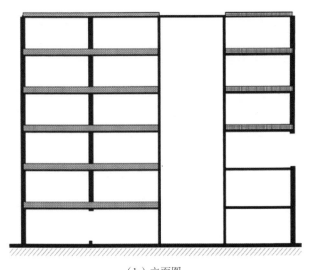

（b）立面图

图 35　在设计中被移除的外柱和内柱位置示例[25]（二）

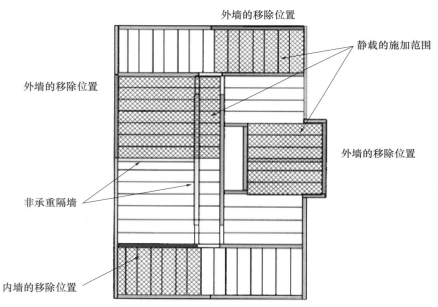

图 36　在设计中被移除的承重外墙的位置示例[25]